利益2兆円企業　貪欲生産主義の末路

トヨタが消える日

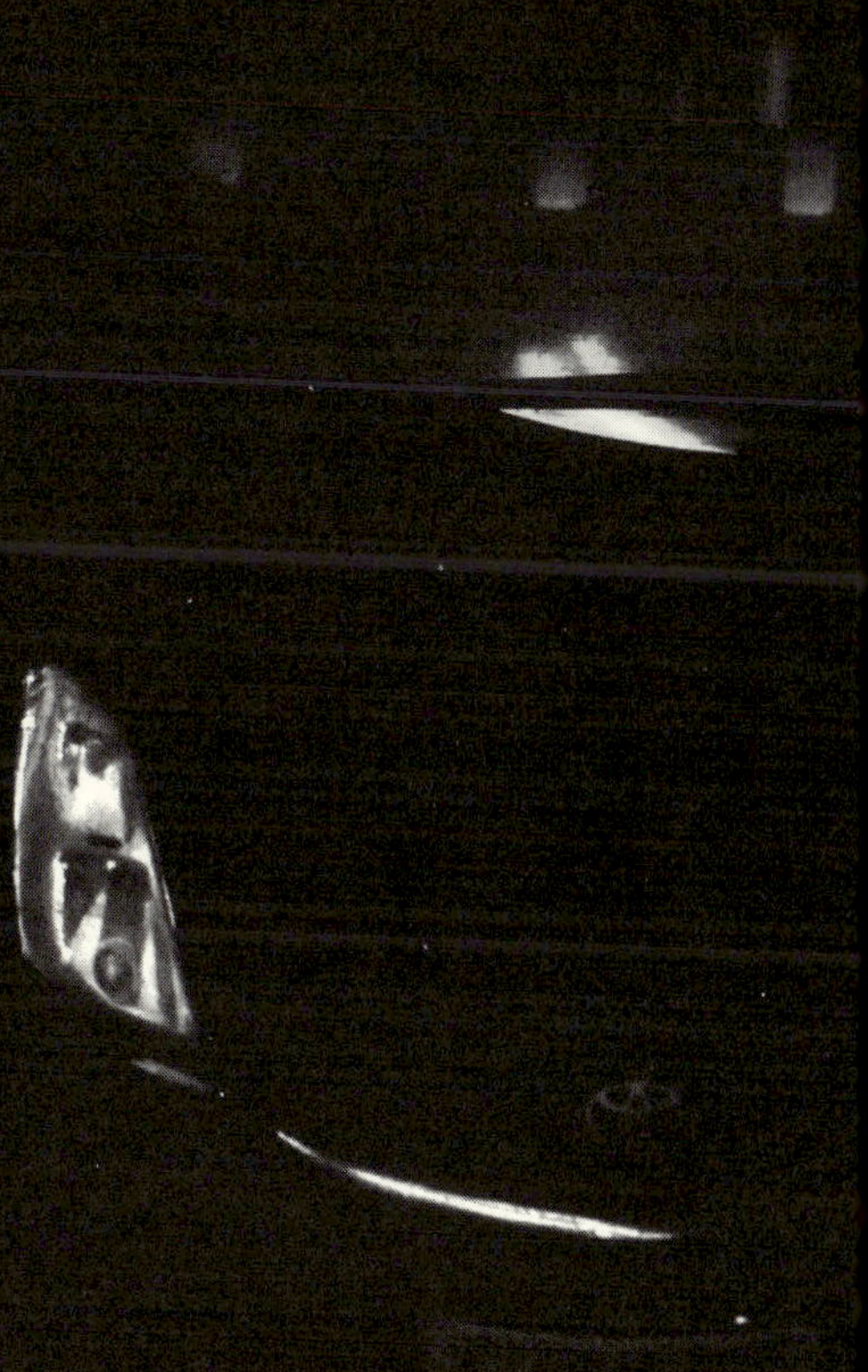

鬼塚英昭

Hideaki Onizuka

トヨタが消える日

人の心が変わったから、車は売れなくなった●序として

この本は、トヨタ自動車（以下トヨタ）の動向を徹底して追跡した本である。私はトヨタの推移を調べる過程で、何をどのように思ったかを、正直に書くことにした。本編を読んでもらえば分かることだが、トヨタにとって非常に厳しい内容となっている。主として、二〇〇八年に発表された雑誌、新聞などの公開された記事を丹念に読み解くことによって書き上げた。トヨタの車がどのようにして売れなくなっていったのかを読者に知ってもらうために、二〇〇八年に的を絞ったのである。

私には自動車業界に特別なルートもなく、関係者への直接の接触も皆無である。だが、それゆえにこそ、自由に「トヨタの真実」に迫り得る強味が私にはある。また、私は大分県別府市で暮らしている。本編でも詳述するが、九州は自動車産業が数多くの工場を置く「カーアイランド九州」であり、世情を騒がせたキヤノンの工場も大分県にある。そのため私の周囲にも正規・非正規を問わず製造業に勤務する知己が多く、彼らの苦境や不安を肌身で感じている。一見のんびりした温泉町・別府だが、この町にいればこそ見えてくる世界の動きもあるのだ。

この本を通じて、読者はトヨタの現状を、そして近未来の姿を知るようになる。さらには、

ソニー、パナソニックなどの各巨大企業についても知り得る手掛かりになると私は確信している。そして、これが何よりも大事なことだが、トヨタを筆頭とする日本の巨大製造業の行末について、読者それぞれが判断をくだしていただきたい。そのときこそ、何かが見えてくるからである。

なお、文中に掲載している資料や表、グラフは二〇〇八年のものが中心である。最新のデータは、新聞や雑誌を見ていただきたい。一日一日と、世界恐慌がその姿を露《あらわ》にしている。各種の報道に注目し続けてほしい。

『トヨタが消える日』という書名は、トヨタがゼネラル・モーターズ（GM）化しないようにとの祈りを込めてつけたものである。否、トヨタ一社ではない。他の自動車会社はもちろん、日本の巨大製造業が消えてしまわないようにと心から願い、現在の大量生産・大量輸出システムへの警鐘の意味を込めてつけたものである。「トヨタが消える日」とはすなわち、「日本の巨大製造業がすべて消える日」でもあるからだ。

世界でもトップクラスの大企業となったトヨタが消えることはあり得ない、と、ほとんどの日本人は思っている。本当にそうであろうか？

アメリカ人はかつて、GMが倒産寸前にまでいくなどと考えたであろうか。GMはアメリカの誇りであったのだ。そのGMが政府の支援を仰いで、かろうじて生き延びているのである。

私はこの本の中で、どのような経過をたどり、車が売れなくなったのかを考え続けてきた。トヨタは二〇〇九年四月からの新期の世界販売計画が七〇〇〇万台強にとどまり、〇八年度に立てた見込みから約七%減少するとの見通しを発表した（二〇〇九年一月二十六日）。ピークは八九一万三〇〇〇台（〇七年度実績）であったから、この〇九年度の世界販売計画は二割以上の減少となる。トヨタは当初、〇八年度の世界販売計画を九五〇万台としていた。一〇〇〇万台を狙っていたのである。サブプライム問題がやがて恐慌へと向かうとは何人《なんぴと》が予想し得たであろうか。

車が売れなくなった原因、その台数などは本編を読んでくだされはご理解いただけよう。私はこの「序」で、自動車産業という日本経済の大黒柱の興亡が、どのような変化を私たち日本人の生活にもたらすのかを考えてみようと思う。

●

本編の原稿を書き上げた一週間後の二〇〇九年二月二日、私は福岡県宮若《みやわか》市に向かった。ここにトヨタ自動車九州工場があるからだ。この工場については本編の中に詳述しているので、重複を避けるために多くは書かない。ここではごく簡単にだけ記すことにする。

このトヨタ九州では、高級車「レクサス」を生産している。そしてその大半をアメリカに輸出していた。だがアメリカ向けの輸出がほとんど止まり、派遣社員がまずは切られ、臨時工の解雇も続いている。この宮若市はかつて炭坑町であり、「貝島《かいじま》炭坑」という石炭産業大手が多くの人々を養っていたところである。貝島炭坑が去った後、多くの人々もこの市を去り、廃坑の町となって久しかったのである。その地にトヨタが進出したのだ。

私はまずは宮若市役所に行き、何か得るものはないかと、妙な野心を持って企業誘致係の一職員に会った。

彼はたくさんの資料を持っていた。私はその資料をコピーしてほしいと頼んだ。だが答えは「ノー」であった。「今は無理です。提供しないということになっています」ということであった。「質問して下さい。できるだけのことは答えます」

私は派遣社員のことを聞いた。新聞に書かれている以上のものはなかった。派遣社員が暮らす寮は宮若市内にはないということであった。それでもその職員はトヨタ九州について、差し障りのない範囲で答えてくれた。「六月ごろから派遣社員の首切りが始まったと思います。やはりリーマンショック後に、これは大変なことになったと思いました」「生産台数は平成十九年度が四〇万台、二十年度は三〇万台です。二十一年度は二〇万台でしょうか」「臨時工はまだ一〇〇〇人ぐらいいます……」

彼は私にぽつんと言った。

「この町（かつては宮田町）は貝島炭坑の町でした。トヨタはこの炭坑の跡地に出来た工業団地に来てくれたんです。私の父親もこの炭坑で働いていました」

私の住む大分県別府市から、この宮若市に来るまでに、福岡県の田川市、飯塚市を通過する。私は田川市にも飯塚市にもよく来ていた。三〇年以上も前のことだ。私は小さな竹細工の会社を経営していた。その会社はある事件が原因で倒産寸前までいった。私は工場を手放して、軽トラックを一台購入し、竹製品を魚市場やスーパーの店頭で売って生活していた時期があった。二年間ほどであったと思う。田川市も飯塚市も、その頃すでに炭坑町の面影は消えかかっていた。この宮若市を経由して、直方《のうがた》市や宗像《むなかた》市や北九州市へと商売に通ったのである。

「私の父親もこの町の炭坑で働いていました」という職員の言葉が、突然に、私を過去へと誘《いざな》った。

私の父親は竹細工職人であった。私は一時期、故郷を捨て東京に行った。そしてまた故郷に帰り、父親と同じ職業に就いた。今にして思えば、よくぞ故郷に帰れり！　である。「故郷忘れまじき」ともいえる。私は運に恵まれた。私は故郷にて一生を終えるのである。

かつての炭坑町に、巨大なトヨタの工場がやって来たのである。本編の中でも書いたが、このトヨタ九州を中心に、「カーアイランド九州」が誕生していくのである。私は「よくぞ、このさびれた町にトヨタが来たことよ」と思ったのである。廃坑でさびれた市や町はすっかり変貌していた。

その職員にトヨタ九州への地図を書いてもらった。山の中をくねくねと車を走らせ、巨大な台地に立つトヨタ九州工場の前に立った。立入禁止と書かれてはいたが、一般従業員用の駐車場に車を乗り入れた。「一月、二月は十一日間の休業です。金曜日が休業日となっています」と職員が語っていたが、その日は月曜日なので操業中である。駐車場は車で満杯だったから、ほとんどの従業員が（一〇〇〇人を超える臨時工を入れて）、工場内で働いているのであろう。

私は、本編の中で「このトヨタ九州は、長期間の操業中止か、あるいは閉鎖の可能性がある」と書いた。私の書き方は無情一途である。

しかし……と、私はこの工場を前にして思い巡らしたのである。ここを新たに故郷と定めた多くの人々が、また、あの炭坑の廃山ということで故郷を追われた人々のように、この土地から去っていくのであろうかと。

私がこの本を書きつつ思ったのは、「故郷を持つ大事さ」であった。私は故郷に帰り、父親と同じ竹細工で生き延び得てきた。苦しい日々の連続であった。しかし、生まれ育った地に住み続けている。

私は大失業時代がやって来ると思う。そのことは詳しく本編の中で書いた。

「平成十九年度が四〇万台、二十年度は三〇万台です。二十一年度は二〇万台でしょうか」と語る職員の言葉を受けて私は、「トヨタは従業員の大量解雇をするでしょう。解雇すべきではないという政治家や学者が多いのですが、仕方がないと思いますよ」と言い切ったのである。

この「序」を書いている二〇〇九年二月三日付の大分合同新聞は、一月の新車販売台数（軽自動車を除く）は前年同月比二七・九％減の一七万四二八一台と報道していた。特に高級車「レクサス」は五七・七％減の販売台数であると書いてあった。

トヨタ九州工場を中心に、数多くの下請け工場が点在している。その工場群を後にして、山間の道路を下ると盆地状の土地にマンション群が建っている。ショッピングモールがあり、郊外ながらも賑いを呈している。「万が一、この工場が長期間、操業を中止したり、大幅な生産カット（二〜三月にトヨタは全体で生産台数五割の操業）を続けるとすれば、故郷を失う人々が続出する」——私はそればかりを考え続けていた。

ふと、私は気づいた。工場は操業しているのに、道路を走る車はごくごく稀で、人影もほとんど見えないのである。私は一〇分以上、工場の門の前に立っていた。車が一台だけ中に入ったきりであった。荷物を積んでいるようにも見えなかった。トヨタ九州を中心とした企業群は、静寂の内にあったのだ。

予定ではどこかで一泊し、カーアイランド九州の工場群を見て回るつもりだった。しかし、私は、「もう帰ろう。この静けさの中にいるのは疲れる」と思ったのであった。帰りの道路脇の自動車関係の店に注目した。多くの販売店の売上げ台数は前年比（二〇〇七年比）で二〇〜

三〇％減の落ち込みである。二〇〇九年度はもっと落ち込むものと予想されている。自動車産業の凋落が与えるインパクトは計り知ることができないほどに大きいのである。

自動車という輸送機械が登場し、この世界は一変した。人間の欲望が最大限に発揮されるのが車なのである。多くの人々が、収入を無視してまで高級車を求めるのは、自己の誇大顕示欲のためである。うさぎ小屋のような家に住もうとも、ごく一部の人々しかその事実を知ることはない。しかし、高級車に乗れば、その人間の富の現状を偽装できる。

車が高級化していったのは、人間の欲望が無限化したからである。金融バブルが誕生したのも、人間の欲望が肥大したからである。金融がバブル化し、人間の欲望もバブル化し、車も同様にバブル化し、ついに「破局」が来たのである。車が売れなくなったのは、人間が欲望の果てに気づいた絶望感ゆえである。

サブプライム問題も、金融バブルも、世界恐慌も、すべては欲望が創り出したものである。多くの人々（特にアメリカ人）はやっと、借金をして車を買うということの真の意味を悟《さと》ったのである。だから、車は売れなくなったのである。難しい分析も金融工学も哲学も必要がないほどに答は簡単である。それは次の言葉で言い尽くせるのだ。


「人の心が変わったから、車は売れなくなった」

トヨタもホンダも日産も、GMもフォードもクライスラーも、車が売れなくなった。この本は、二〇〇八年という一年間に的を絞って、車が売れなくなった過程を描いたものである。決してトヨタという自動車会社を一方的に非難する類《たぐい》の本ではない。むしろ私は、トヨタの再生を願ってこの本を書いたのである。

この世のすべては、時の神の支配を受ける。トヨタが栄えたのは、時を得たからであり、もしもトヨタが消えるとすれば、時がトヨタから去ったがゆえなのだ。この世で永遠に栄えるものは何一つないことは歴史の証明するところである。行く水の流れは絶えずとも、もとの水ではないのである。

しかし、私には気がかりなことがひとつだけある。それは、故郷を失う人間の悲劇である。この悲劇をできるだけ小さくしたい、との叶《かな》わぬ願いを込めて、この本を書いたのである。それ以外に、この本を書く理由は私にはないのである。

トヨタよ、再び、時の神の恵みを受けるべく立ち上がれ、と祈るのみである。

二〇〇九年二月

鬼塚英昭

［トヨタが消える日］目次

［第二章］ トヨタから金《カネ》が消えていった

［第三章］ トヨタショックが日本を覆い尽くす

［第四章］日本経済が融《と》けてゆく

［装幀］フロッグキングスタジオ

日本音楽著作権協会（出）許諾第０９０１８６９－９０１号

引用した新聞・雑誌・書籍記事中の算用数字は漢数字に改めました。
文中、敬称略をお断りいたします。

［第一章］トヨタ、その栄光と落日

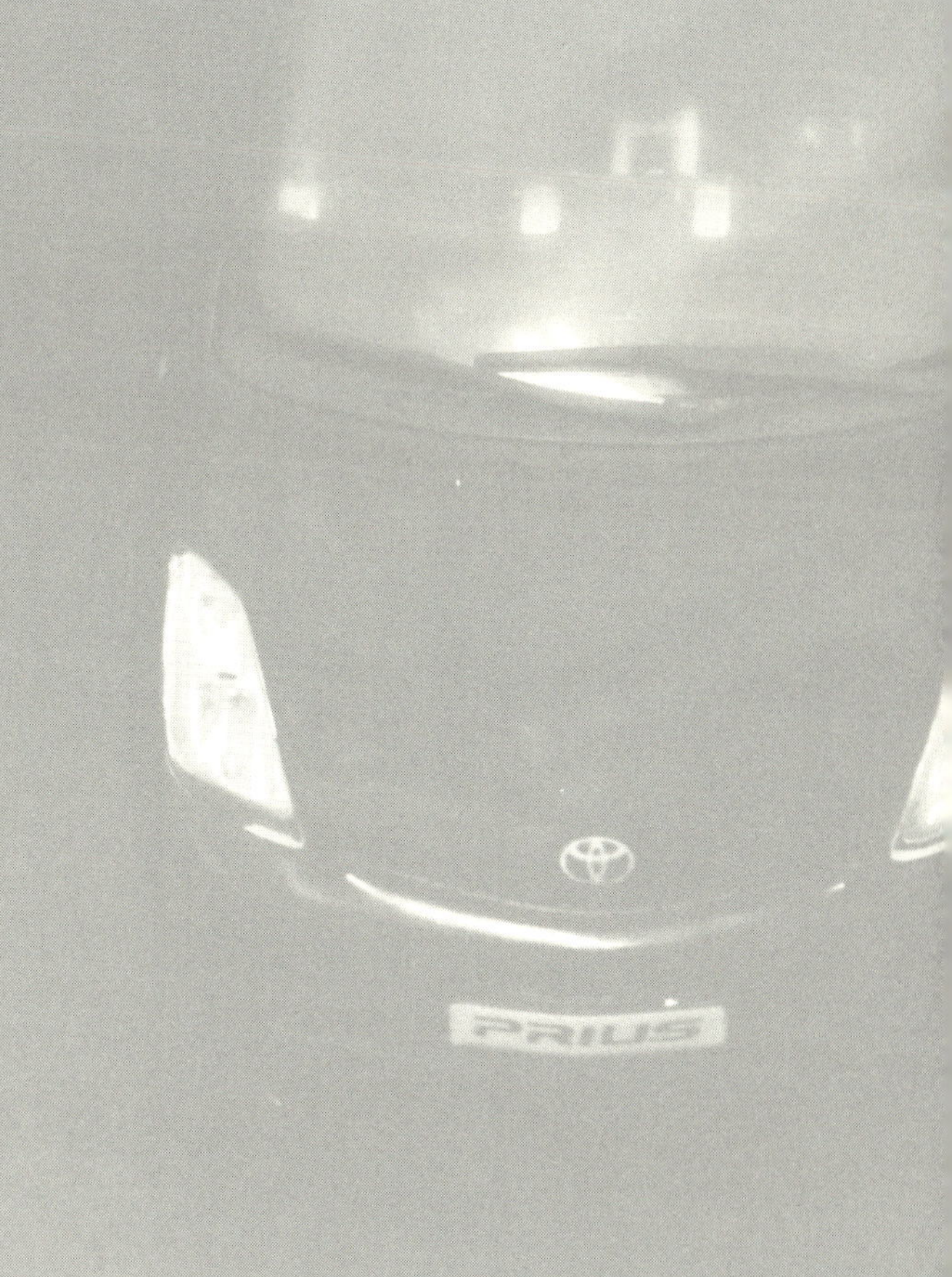

慢心が崩壊させたトヨタ神話

二〇〇八年も押し詰まった十二月二十二日、名古屋市内で開かれた記者会見で、トヨタ自動車（以下トヨタとする）の渡辺捷昭《わたなべよしあき》社長は「二〇〇九年三月期連結決算が、戦後初めての営業赤字に陥る」との見通しを明らかにした。主なやり取りの一部を記す（日本経済新聞十二月二十三日付の記事による）。

――わずか一カ月半での再下方修正となる。

渡辺捷昭社長「〔二〇〇八年〕十一月以降、市場の落ち込みが想定をはるかに上回るスピードや広さ、深さで迫ってきた。急速な円高が進み、大幅減益が避けられない。かつてない緊急事態だ」

――世界販売・生産計画の公表を見送った。

渡辺社長「販売の底が見えない。市場が見通せれば来年の販売計画は公表できた」

――今期の年間配当はどう考えている。

渡辺社長「決めかねている。もう少したってから決める」

――具体的な生産計画の見直しは。

内山田竹志副社長「販売を上回る能力の増強はしない。米ミシシッピ工場の延期やインドでの新型車の立ち上がり台数を絞っていく。攻める部分としてパナソニックとの宮城県でのハイブリッド車用電池工場の稼働を当初計画より早め、来年年末に立ち上げる」

――今後の成長戦略をどう描く。

渡辺社長「世界の自動車の保有台数は現在九億台。〔二〇〕一〇年中には一〇億台まで伸びると多くの人が予測していたが少なくとも二－三年は先になると思う。環境対応車やコンパクトカーなどへの代替需要はあるが、仕込みの時期として技術開発を進めていくことが重要だ」

――期間従業員や正社員への対応は。

木下光男副社長「〔二〇〇八年〕十一月末時点で約四七〇〇人いる期間従業員は来年〔二〇〇九年〕三月末には三〇〇〇人程度にまで減る。期間途中で契約を打ち切ることはしていないし、満了時には報奨金など数十万円を支給してきめ細かく対応している。国内の正社員の雇用に手をつけることは考えていない」

トヨタは同じ十二月二十二日、〇九年三月期連結予想を大幅に再下方修正し、通期の営業損益が一五〇〇億円の赤字になるとの見通しを発表した。併せて、創業家出身の豊田章男《とよだあきお》副社長（豊田章一郎名誉会長の長男）が二〇〇九年六月末に社長に昇格する人事を固めた。

日本企業で〝最強〟を誇ってきたトヨタが戦後初の営業赤字に転落するのである。トヨタは二〇〇八年上期（四月−九月期）決算を発表した十一月六日、営業利益が一兆六〇〇〇億円から約六〇〇〇億円になると発表した。対前年度で七三・六％減少するとの内容で、まさに驚愕《きょうがく》すべき内容であった。この発表をうけて、「トヨタショック」という言葉が初めて新聞の見出しに登場したのであった。

トヨタの二〇〇八年三月期の連結営業利益は二兆二七〇三億円であった。連結営業利益とは、企業が子会社を含むグループの営業活動で稼いだ利益のことをいう。連結売上高から原材料費や人件費などを引いて算出する。

わずか一年での大幅な赤字転落はどうして起こったのか。「世界的な自動車販売の落ち込みと過度な円高が原因だ」と、新聞やテレビは解説している。トヨタは上期では五八二〇億円の黒字であったが、下期の営業利益予想は七三二〇億円もの赤字となり、差し引き、大幅マイナスの営業損益となるという予測を発表したのである。

連結売上高の見通しは、二一兆五〇〇〇億円（前期比一八・二％減）に下方修正した。

さらに深く知るために、朝日新聞（二〇〇八年十二月二十三日付）を見てみよう。トヨタの拡大戦略の見直しの様子が報じられている。

世界首位に目がくらんだか

十一月に〇八年度の連結販売台数見通し（八七四万台）を五〇万台引き下げたが、わずか一カ月半でさらに七〇万台を引き下げざるを得なかった。

急成長を続けるトヨタは九九年度から〇七年度までで日産自動車一社分（三六七万台）を上回る台数を稼ぎ、年間四五万台以上の生産台数を伸ばしてきた。

だが、この急成長がいますべての面で裏目に出ている。

その象徴は〇六年秋に稼働した米テキサス工場。大型ピックアップトラック「タンドラ」だけを造る専用工場だ。需要に応じて多品種を少量で生産するトヨタ本来の生産方式に沿えば車種の入れ替えなどが柔軟にできるはずだが、ガソリン高でタンドラが売れなくなると、八月から三カ月間操業停止に追い込まれ、従業員の給料と建設費負担を垂れ流し続けた。

「世界首位に目がくらみ、原点を忘れてはいないか」（トヨタグループ首脳）。トヨタの〇八年の世界販売実績見込みは八九六万台で米ゼネラル・モーターズ（GM）を抜き、世界首位に立つことが確実になったことが、慢心を招いたとの見方だ。

朝日新聞が「慢心を招いた」と評しているのは正しい見方である。この本は、慢心が招いたトヨタの悲劇を中心に描いていく。

同じ二〇〇八年十二月二十三日付の日本経済新聞には次のように書かれている。

トヨタ自動車が初の営業赤字に転落することは輸出主導で成長を続けてきた「ものづくりニッポン」が大きな転機を迎えたことを意味する。ここ数年、上場企業は成長を求めて海外展開を加速、二〇〇八年三月期まで六期連続の増益を実現した。しかし足元の急速な円高と世界景気の減速で事態は一変。自動車のみならず電機や精密など製造業全体がかつてない試練に直面している。

トヨタに代表される製造業の急激な業績悪化の背景には、構造的に低迷する内需から外需への収益構造の急速なシフトがある。上場企業が増産局面に入る前の〇二年三月期でみると、製造業の海外売上高比率は三〇%。それが六年後の前期には四六%にまで上昇し、利益成長の原動力となってしまった。

この構図が最も鮮明なのが、最高益決算のわずか一年後に赤字に転落するトヨタをはじめとする自動車大手だ。トヨタやホンダの海外売上高比率は七－九割近くに達する。海外の成長市場を獲得する一方、国内からの輸出もフルに活用して成長を続けてきた。だが急速な海外展開に伴う設備の償却負担や人員増により固定費が年々増加。そこに世界的な需要の急減と一ドル＝九〇円を上回る円高が直撃し、急激な業績悪化を招いた。

トヨタショックの背景が理解しやすいように書かれている。トヨタショックは、多くの問題点を日本人に突きつけている。続けて引用する。

円高と外需の急減が業績を直撃するのは自動車だけではない。例えば早くから海外展開を進めてきた電機。

ソニーの海外売上高比率は八割近くに達する。対ドルで一円の円高は四〇億円、同じく対ユーロでは七五億円の減益要因となり、通期の業績下方修正の主因となった。パナソニックも海外販売の急速な減少で今期の連結純利益は八九％の大幅減となる。米欧で稼ぐ大手製造業はほぼ同様の課題に直面している。

各社とも縮む国内市場を補う狙いで急ピッチに海外展開を加速。その結果として設備の償却負担や人件費が膨らみ、急激な外部環境の変化に弱い経営体質となっていたことも浮き彫りにした。高品質の輸出で外需を取り込む、ものづくりニッポンの基本戦略が岐路にさしかかっている。

この記事の最後の一文、「高品質の輸出で外需を取り込む、ものづくりニッポンの基本戦略が岐路にさしかかっている」に注目したい。高品質の製品をつくり、それを輸出し外貨を稼ぐことが本当に日本の未来のために役に立つのかを考えてみたい。驕《おご》れる国ニッポンにはどのような未来が待っているのか、を追求することにしよう。

「ものづくりニッポン信仰」の驕り

二〇〇八年はトヨタにとって「希望の年」であるはずであった。新年一月三日、自動車各社はアメリカ市場における新車販売台数を発表した。トヨタはフォードを抜いて、初の年間世界第二位に躍進した。第一位のGMは、〇八年度の世界生産台数の見通しを九二八万四〇〇〇台と発表した。二〇〇七年の末にトヨタが発表した見通しは九五一万台。ここでトヨタが二〇〇八年度には、生産台数で初めて世界一となる見通しを公言することになった。

アメリカ市場でトヨタのハイブリッド車「プリウス」の販売台数が〇六年度比で六九％増となるなど、全体の販売台数でも過去最高を記録した。〇六年にはクライスラーを抜いて第三位となり、〇七年度には大規模リストラに苦しんだフォードを抜いて第二位となったのだ。米国市場でのGMの販売台数は三八六万六六二〇台（前年比六・六％減）であった。一方、トヨタは二六二万〇八二五台（前年比二・七％増）。

しかし、業界全体の米新車販売台数は〇六年度に続いて前年割れとなった。GM、フォード、クライスラーのいわゆる「ビッグ3《スリー》」が販売台数で〇六年度比で前年割れを出すとともに、トヨタに続いてホンダ、日産までもが前年度を下回った。

〇七年三月期連結の決算では、トヨタの営業利益は二兆二三〇〇億円、税引き後利益は一兆六四四〇億円。手元資金は四三〇〇億円増えて四兆二六〇〇億円となった。この手元資金に、前述の〇八年三月期の利益が加わったのである。

二〇〇八年一月七日午後、東京都内のホテルで日本経団連、経済同友会、日本商工会議所の経済三団体主催の新年祝賀パーティが開かれた。企業のトップたちの声は強気と弱気に分かれた。アメリカのサブプライムローン問題に端を発した「原油高・円高・株安」が、世界経済に暗雲を漂わせていたからである。

旭化成の蛭田史郎《ひるたしろう》社長は「〇七年のような好調さは維持できない」と断言した。しかし、トヨタの張富士夫《ちょうふじお》会長は楽観的であった。

「〔二〇〇八年〕前半は横ばい、後半は上向き。後半はいろいろな手が打たれるだろう」

張会長に同調する声が多く上がった。三団体トップによる記者会見で、日本商工会議所の岡村正会頭は次のように語った。

「欧米経済の不透明感はあるが、中国など新興国の成長にともなう外需主導もあり二％台の成長は確保したい。第2、第3四半期から成長が高まる『前低後高』型ではないか」

株式についてはどうか。大和証券グループ本社の鈴木茂晴社長は強気であった。

「年初は大きく下げたが、今年は雨降って地固まる相場。企業業績は悪くなく、年末には日経平均株価の二万円超えも期待できる」

日本企業のトップたちは一部の経営者を除いて、おおむね、トヨタ張会長の発言にあるように、二〇〇八年の経済を甘くみていたのである。

二〇〇八年は子年《ね》であった。子年は昔から「繁盛・繁栄」の年とされてきた。特に証券会社ではこの子年を歓迎したのである。「ねずみ算」を連想する繁殖力にちなんだ縁起担ぎであった。日経平均の算出方法が始まった一九七四年以降、子年の株価は年間平均で四〇％以上も上昇していた。

しかし、二〇〇八年の行末を冷静に見つめていた経営者たちもいたのである。

三菱商事の小島順彦《よりひこ》社長は仕事始めの一月四日、次のように社員に訓示した。

「金融市場を通じ、米国経済の動揺が瞬く間に世界経済に波及する可能性があり、様々な下方リスクを見つめる必要がある」

丸紅の勝俣宣夫《のぶお》社長の社員への訓示を記す。三菱商事の小島社長同様に、二〇〇八年を冷静に判断していたのである。

「〇八年は今まで続いてきた世界経済の成長が後退することもありえる。潮目が変わるという認識を持つべきだ」

二〇〇八年の年明け、原油相場は史上初の一バレル＝一〇〇ドルに達した。アメリカ・ダウ工業株平均は年初の終値で二二〇・八六ドル安の急落であった。景気指標として重視される米製造業景況指数も悪化した。米連邦準備制度理事会（ＦＲＢ）も三度の利下げを実施していた。サブプライム関連の巨額損失が発生し、欧米の金融機関の資金繰りが逼迫《ひっぱく》していた。

朝日新聞（二〇〇八年一月五日付）に「専門家が予想する〇八年の市場」という記事が出ている。七人のエコノミストたちの株価と景況のそれぞれの予測である。その中の一人、岩沢誠一郎（野村證券チーフストラテジスト）の予想を見てみよう。

「日経平均株価＝一万三五〇〇～一万八〇〇〇円。サブプライム問題の解決への道筋は見えてきた。企業業績は市場の見方ほど悪くない。急激な円高が進めば利下げもあり得る」

もう一人紹介したい。藤井則弘（三菱ＵＦＪ証券投資情報部長）の予想である。

「日経平均株価＝一万四〇〇〇～一万八〇〇〇円。サブプライム問題は一～三月が最悪期。米金融機関の損失の全容が見えれば年後半にかけて株価は回復へ。海外投資家は政局も注視」

エコノミスト七人のほとんどが日経平均一万四〇〇〇～一万九〇〇〇円台を予想し、なかには「二万円」と予想する者もいた。

私は自分用のスクラップブックを見て記している。二〇〇七年春から私は新聞各紙の経済面、経済雑誌の記事を集めている。「サブプライムローン問題」が気になりだしたからである。私は株価は下がり、猛烈な円高となると思い続けてきた。それゆえ、私は独自に考究を続けて、前著『八百長恐慌！』（二〇〇八年十一月刊）を書く準備を〇七年の初頭からしてきた。私は朝日新聞の記事（二〇〇八年一月五日付）の「専門家が予想する〇八年の市場」を読んで、「チーフエコノミストたちの予想は的はずれも甚だしい」と訝《いぶか》ったのである。私は、サブプライム問題が発火点となった恐慌（これが必ずやってくると思い続けていた）は、八百長だとの判断をくだしていた。だから前著で、この八百長はヨーロッパが仕組んだと書いた。

しかし、最近になってそれだけではないと考えるようになった。この恐慌は、その多くの原因を日本が責任を負うべきものである、との結論に達したのである。

『自動車産業は生き残れるか』（読売新聞クルマ取材班著、中公新書ラクレ、二〇〇八年）を紹介する。四月十日刊行とあるので、まだトヨタ礼賛の内容となっている点に注意して以下の文章を読んでほしい。

外れたトヨタの目算

「マザーマーケットとして最も重要な日本で起こっていることは、世界でも類を見ない市場の成熟化だ。成熟市場でいかに需要を喚起していくか。日本での取り組みが、必ずやさらなる成長につながる」

二〇〇八年一月二十三日、名古屋市熱田区の名古屋国際会議場で行われた「全国トヨタ販売店代表者会議」。豊田章一郎名誉会長、奥田碩《たけし》相談役、張富士夫会長以下、トヨタ自動車首脳陣と全国の系列販売店トップら一〇〇〇人が一堂に会したその席で、渡辺捷昭社長は、直面する危機への挑戦を熱っぽく呼びかけた。

トヨタの二〇〇七年の国内販売台数は前年比六％減の一五九万台。一六〇万台を下回ったのは一九八三年以来二十四年ぶり。トヨタが当初、目標に揚げていた一七二万台との差は一〇万台も開き、誰もが「惨敗」と認めざるを得なかった。

張会長は「日本のものづくりの基盤を維持・発展させていくには、国内市場の縮小に手をこまねいている訳にはいかない」と強調する。世界での高い評価とは裏腹に、国内市場の停滞は、トヨタだけでなく、日本の自動車産業の共通の課題だ。

トヨタは、〇七年を国内販売巻き返しの〝勝負の年〟と位置づけていた。東京モーターショーが開かれ、車にまつわる話題が増える。ホンダの「フィット」やマツダ「デミオ」など他メーカーの人気車の投入もある。停滞気味の市場が活性化する好機と読んで、トヨタは新型車の大量投入に踏み切った。

五月「レクサスLSハイブリッド」
六月「プレミオ」「アリオン」「ノア」「ヴォクシー」
七月「イスト」
八月「ヴァンガード」
九月「ランドクルーザー」「マークXジオ」
十月「カローラ ルミオン」
十二月「レクサスＩＳ Ｆ」

トヨタはこれだけの新車を二〇〇七年中に国内市場に投入したものの、〇六年比で六％減の一五九万台の販売にとどまった。

「世界でも類を見ない市場の成熟化」した日本市場について渡辺捷昭社長が「熱っぽく」語ったのである。しかし、トヨタの首脳陣は、アメリカ市場も成熟化していて、否、すでに成熟し尽くし、ついには崩壊しつつあることを知らなかったのではないだろうか。二〇〇八年一月七日の経済三団体の新年祝賀パーティでは、張会長は「前半は横ばい、後半は上向き。後半はいいろいろな手が打たれるだろう」と語っていたのである。「後半は上向き」どころか、後半は壊滅的な状況となったのである。トヨタ首脳陣は「恐慌」が訪れようとしていることすら知らなかったのである。

「貪欲生産至上主義」にしのび寄る不安材料

二〇〇八年一月十三日から米ミシガン州で北米自動車ショーが開かれた。『エコノミスト』（二〇〇八年二月二十五日号）に長谷川洋三（帝京大学教授・経済ジャーナリスト）が次のように書いている。

「きれいな工場をつくれば自然に数は増える」。十三日から米ミシガン州で開かれた北米自動車ショーで、世界一の感想を聞いた筆者に対し、渡辺捷昭社長はいつも通り丁寧に答えた。

一九三七年八月にトヨタ自動車工業の創立総会を開いてから七〇年。国産の大衆車を作りたいという情熱を傾けた豊田喜一郎氏の夢が、世界一という形で実現したことは、多くのトヨタ関係者に「無駄のない生産システム」が正しい路線であったと自信を深めさせた。「これからの目標は、GMに代わってトヨタになるだろう」——。デトロイトの自動車専門紙はこうした競争メーカーの声を伝えた。

もっとも、肝心なのはこれからである。事実上、世界一となったトヨタが取り組むべきは一段のグローバル化であり、多様な文化との共存だ。トヨタ純血主義だけでは永続的な世界企業にはなれない。トヨタは〇八年に九八五万台、〇九年には一〇四〇万台の世界販売を計画しているが、最大の販売を見込むのが北米、次いで日本で、いずれもほとんど販売の増加が見込めない地域である。

トヨタは、北米で投資し、拡大路線をとる以外に世界一になる方法はない。成熟しきった日本市場はすでに限界が来ていた。そこで二〇〇八年は、カナダ第二工場を稼働させることにした。二〇一〇年には、北米で八番目となるミシシッピ工場を稼働することにした。この新工場稼働後には現地生産能力は年間二一七万台になる予定であった。トヨタは、北米での第九、第十の新工場建設も視野に入れていた。

しかし、トヨタの北米市場への期待は大きく裏切られた。二〇〇八年一－三月期の四半期決算で、北米の営業損益は一二四億円の赤字となった。〇七年四－六月期には一六〇二億円の黒字であった。一年足らずの間に北米での収益基盤は大きく弱体化した。

トヨタは、テキサス工場とインディアナ工場で、大型ピックアップ「タンドラ」と大型SUV「セコイア」の減産を決断した。サブプライム危機の影響で、北米での新車市場が大きく低迷していることにトヨタはようやく気づいたのである。ガソリン価格は高騰を続けていた。燃費の悪い大型ピックアップが急激に売れなくなった。それだけではない。円高、ドル安の影響も出始めていた。

しかし、ハイブリッド車の「プリウス」は売上げが落ちていない。「小さい車は利益も小さい」――トヨタはGMと同じように高級車で大きな利益を上げていた。しかし、急激に車の販売台数が失速し始めたのである。

トヨタだけが赤字を出したのではなかった。GMの二〇〇八年一―三月期の最終赤字は三二億五〇〇〇万ドル（約三四〇〇億円、当時）となった。GMの赤字の大半はサブプライム問題の影響などで計上した約二九億ドルの一時損失が響いたものであった。金融市場の混乱にGMは巻き込まれたのである。GMは前年同期には六二〇〇万ドルの最終黒字を出していた。しかし、〇八年一―三月の四

大型ピックアップ「タンドラ」（トヨタHPより）

半期、ＧＭの金融関連会社であるＧＭＡＣ（General Motors Acceptance Corpolation《ゼネラル・モーターズ・アクセプタンス・コーポレーション》）への出資分一四億五〇〇〇万ドルの評価損を計上した。ＧＭＡＣは、自動車ローンと同じ手法で住宅ローンにも参入していた。全米五位の住宅ローン会社でもあった。自動車ローンとサブプライムローンが一体化していたのである。ＧＭは子会社への支援損も増えた。四月以降、ＧＭは倒産がささやかれるようになっていくのである。

トヨタは北米での赤字を隠していたと思えてならない。ＧＭほどではなくとも、自動車ローンでの大きな赤字が二〇〇八年の早い時期から生じていたに違いないのである。

まっさかさまに落ちてゆく全米の販売台数

米主要一〇都市の二〇〇八年二月の住宅価格の下落率は前年同月比一三・六％で過去最大、一―三月の住宅ローン延滞率も前年同期比一・六％増の四・四％に達した。二〇〇七年は三〇万件であった戸建て住宅の差し押さえ件数が「一二〇万件に増える」（リーマン・ブラザーズ）との予測が出たほどである。

こうした中で、全米の自動車販売台数は前年同月比で六・九％の減となった。

財務省は四月二十三日、三月期の貿易統計を発表した。輸出総額は前年同月比二・三％増と二〇〇五年五月以来の低い伸びにとどまった。景気後退色が鮮明な米国向けが二ケタ減と落ち込んだのが主因であった。北米向けは前年〇七年九月から七カ月連続でマイナスを記録。三月は一一・〇％減と、〇三年十一月以来四年半ぶりの二ケタ減となった。財務省は、「特に高級車、自動車部品、オートバイの不振が大きく響いた」とのコメントを発表した。

私はトヨタを中心に書いている。しかし、他の輸出もトヨタと同様に売上げを落としているのである。

日本経済新聞（二〇〇八年五月二十八日付）から引用する。二〇〇八年一～四月の自動車販売の状況が書かれている。

燃費性能が維持コストに直結する自動車では消費者の節約志向がより鮮明だ。一－四月の自動車販売は全体で四八二万台と八％減ったが、トヨタ自動車の「ヴィッツ（米国名ヤリス）」クラスの小型車は逆に七％増加。ピックアップトラック（一七％減）や高級車（一三％減）とは対照的だ。

ヤリスを米フォード・モーターの人気ピックアップ「F150」と比べた場合、車体価格は約半分、燃費は約一・五倍。一般的な走行距離でガソリン代を計算すると、両者で月一〇〇ドル程度の開きが出るとされ、維持コストの安い車への乗り換えが急速に進む。

六月三日、GMのリチャード・ワゴナー会長は、北米四トラック工場の休止などの追加リストラ策を発表した。GMの利益を担ってきた大型多目的スポーツ車（SUV）が売れなくなった。そのSUVの「ハマー」部門の売却を検討するとも語った。GMは大型車事業の縮小をする以外に事業の立て直しが望めない状況に追い込まれたのであった。GMは大型ピックアップトラックやSUVなどの工場の休止などにより、北米生産能力は年七〇万台減の同三七〇万台となるとの見通しを発表した。GMは大型車事業の縮小に伴い、小型乗用車などの開発・生産を強化するとした。

GMの二〇〇八年五月の市場シェアは初めて二〇%を割ることになった。〇五年には三〇%を超える月もあったGMのシェアは徐々に低下を続け、ついに〇八年五月には一九・一%まで落ち込んだのだ。GMは〇五年にも北米で工場閉鎖を含む大規模なリストラ策を発表した。人員削減を進める一方で、全米労働者組合（UAW）とも話し合いを続け、経営を圧迫していた従業員や退職者の医療費負担の軽減についても合意に達していた。しかし、サブプライム問題がGMを窮地に落い込んだ。なによりも原油が高騰を続けたことが大型車の敬遠を呼んだ。

トヨタも高収益を上げる大型車にシフト替えしていた。だが、〇六年秋に米国で現地生産を始めたピックアップトラックの販売が伸びなくなった。トヨタも赤字に転落した。日産も高級車などで苦戦を続けた。比較的好調なのはホンダだけであった。

このような状況下で、格付け会社大手のスタンダード・アンド・プアーズ（S&P）は自動車大手の格付けを引き下げ方向で見直すと発表した。GMの株価は一六％、フォード株は七％、それぞれ急落した。

ゴールドマン・サックスは六月中旬、GMとシティグループを「売り」との投資判断を発表した。「星条旗を背負う」といわれたGMの悲劇のシナリオは進行し続けた。

七月二日、東京株式市場で、トヨタの株価が約二カ月半ぶりに五〇〇〇円を下回った。二日未明に発表された同社の六月の米新車販売台数が前年比で約二割減ったことが嫌気されたからである。終値は前日比七〇円安（一・四％安）

米新車販売台数増減率

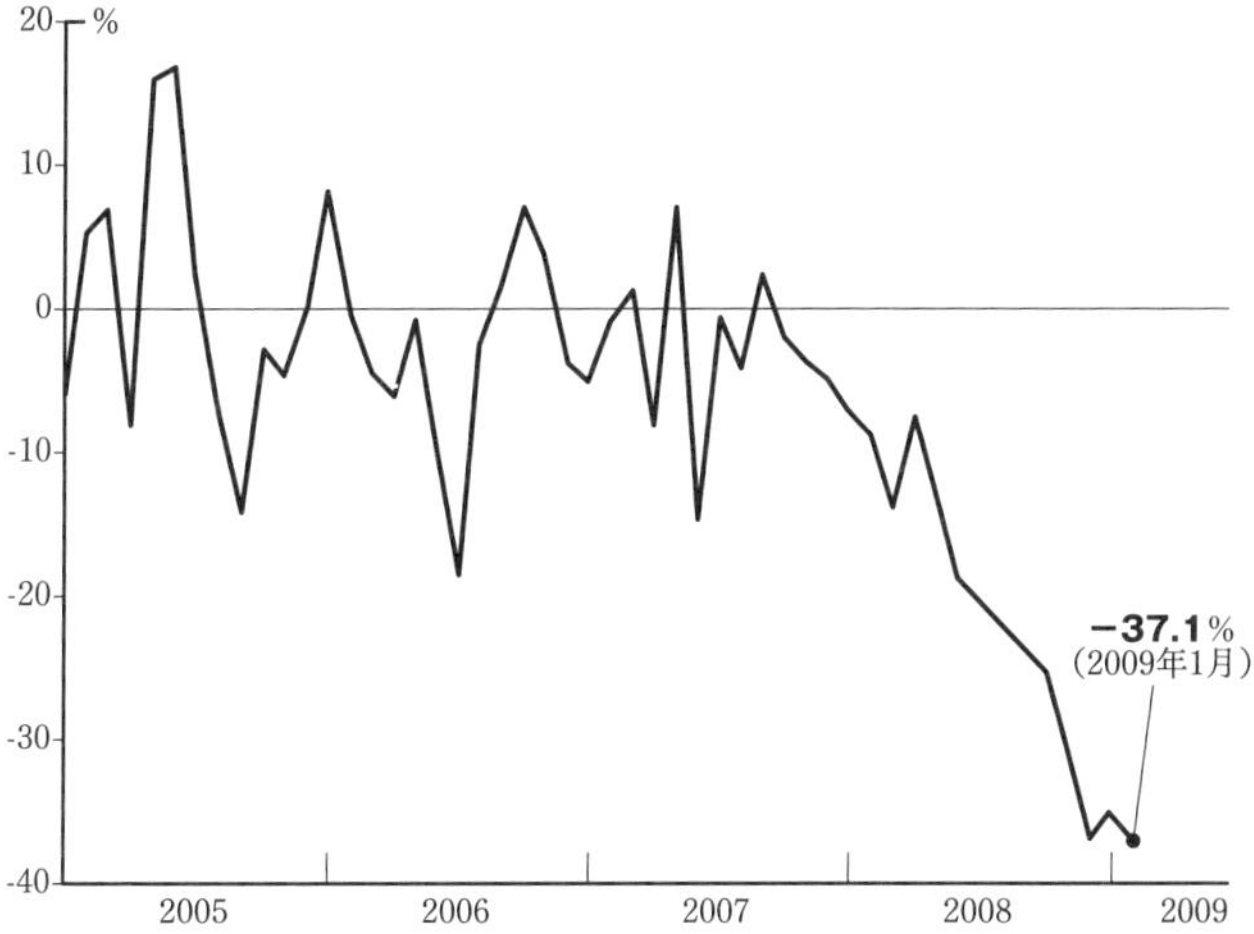

※米オートデータ社調べ(季節調整前)

の四九四〇円。終値としては、四月十六日以来の五〇〇〇円割れとなった。時価総額は一七兆円を下回ったことになる。

トヨタはテキサス工場でのピックアップトラックの減産に入った。大型車重視の戦略が裏目に出てきた。トヨタは国内生産台数の約六割を輸出している。特に米国向けを主力とする「トヨタ自動車九州」の〇八年度の生産台数は前年度より約一割減となりそうであった。愛知県豊田市の堤《つつみ》工場でも生産体制に影響が出始めた。

米国の自動車会社は販売奨励金を増やし始めた。ビッグ3は一台当たり二七〇〇ドル程度。日本勢はトヨタが一二〇〇ドル程度。ホンダが一四〇〇ドル程度。日産は二〇〇〇ドル程度。だが奨励金を増やし続けても、車は売れなくなっていく。

しかし、かつての米政府のように、日本メーカーに製造削減や輸出規制の圧力はない。どうしてか？　この謎に迫ってみよう。

二〇〇五年以降、GMは五〇〇億ドル超、フォードは一五〇億ドル超の最終赤字を計上した。GMは工場閉鎖のみならず、大型車「ハマー」ブランドの売却を検討しだした。フォードも「ボルボ」の売却を検討し始めた。ビッグ3の中でも落ち込みの最も激しいクライスラーは、七月一日、購入客がガソリンを安値で購入できる販売キャンペーンを七月末まで延長すると発表した。

ビッグ3が苦境の中にあっても米国は日本車の排斥《はいせき》運動を起こさない。このあたりの事情の詳細は後述する。私はこの謎に迫っていく過程で、トヨタ、ホンダ、日産のジャパン・ビッグ3の〝用意周到さ〟を発見した。トヨタは「貧欲生産至上主義」の信奉者たちの集団であった。貧欲生産主義とは私があえて名付けた言葉である。

環境戦略車プリウスでさえ売れなくなった

朝日新聞（二〇〇八年一月五日付）に、「プリウス」を特集する記事が出ている。その特集は次のような一文から始まる。

「二十一世紀に間にあいました」。こんな宣伝文句で九七年十二月に登場したトヨタ自動車のハイブリッド車「プリウス」は、地球温暖化の防止を目指して採択された京都議定書の申し子と言えた。ライバル各社や消費者に環境問題を印象づけ、「クルマが燃費で売れる時代」の先駆けとなった。それから一〇年。世界の自動車市場はふくらみ続け、ガソリンは高騰し、温暖化は深刻さを増している。燃費・環境技術の一層の開発がメーカー生き残りの必須条件となった。（編集委員・安井孝之）

一九九七年十二月十日、プリウスが発売された日は、気候変動枠組み条約の第三回締約国会議（COPS、温暖化防止京都会議）の最終日であった。トヨタならではの見事な演出であったと私は思っている。ガソリンエンジンと電気モーターを併用し、燃費効率を高めたとされるプリウスは一躍、「環境」の象徴的な存在となった。「プリウス誕生のきっかけは、秘密プロジェクト『G21』。九〇年代初め、会長だった豊田英二（現最高顧問）の『二十一世紀に提案できるクルマを作るべきではないか』という思いで始まった」と編集委員の安井孝之は書いている。もう一度、朝日新聞を引用する。

歴史に「イフ（もし）」はないが、トヨタが九四年に「燃費一・五倍」に満足していたら、従来型自動車の改善モデルが出ただけでプリウスは生まれなかったであろう。発売が「九七年末」でなければ京都議定書との相乗効果はなく、注目されなかったかもしれない。営業部隊がはじき出した販売台数の見立ては「頑張っても月間三〇〇台」。「燃費ではクルマは売れない」が業界の常識だったからだ。しかし、月産一〇〇〇台でスタートしたプリウスは、たちまち引き渡しまで六カ月待ちとなった。

プリウス人気の秘密に迫る前に、他のメーカーの戦略を見てみよう。

日産が「新型サニー」を発表したのはプリウスより早い三年前の一九九四年であった。「燃費は一クラス下のマーチ並み」がキャッチフレーズであった。燃費は一リットル当たり二〇キロメートル。しかし、前モデルより販売台数は減った。

七〇年代の排ガス規制の米マスキー法を世界で最初にクリアしたのはホンダであった。ホンダはハイブリッド車の開発をトヨタより早くに進めていた。しかし、お客が受け入れる価格で提供できるだけのコストダウンは難しいということで断念した。トヨタの開発を見て、ホンダもやがてハイブリッド車を世に出すことにした。

トヨタのハイブリッド車プリウスがどうして爆発的に売れるようになったのか。そこにはもう一つ大きな秘密があった。塚本潔の『ハリウッドスターはなぜプリウスに乗るのか』（朝日新聞社、二〇〇六年）の中に、プリウス成功の秘密が書かれている。

GMやフォードはSUVなどで儲けることに夢中になり、そのような時代の変化を知りながら、これといったアクションを

環境対応車「プリウス」（トヨタHPより）

起こさずにきた。

実は、米国メーカーで最も販売台数を落としているのがフォードだ。二〇〇〇年〜二〇〇五年までの販売台数の推移を見ると、それは一目瞭然である。GMが四六万台減、クライスラーが二一万台減であるのに対し、フォードは一〇五万台減となっている。逆に同じ期間に販売台数が米国市場で増えたメーカーはトヨタが六四万台増、日産が三二万台増、ホンダが三〇万台増となっている。

塚本潔は、日本車がアメリカ市場を席巻した理由を原油高と燃費を最大の原因とする。私が調査したなかでも、日本車がアメリカで売れ続けた理由は、次の二点に尽きる。ビッグ3は大型車を造り続けた。そしてガソリン価格が高騰を続けたために、アメリカ車は高価格と燃費の悪さゆえに売れなくなったのだ、と。

確かにこの点は重要なファクターではある。しかし、それだけではないと私は思っている。プリウスがアメリカで売れ続けたのはなぜか、を追求すると、その売れ続けた意味が見えてくる。もう一度、塚本潔の『ハリウッドスターはなぜプリウスに乗るのか』から引用する。

アカデミー賞ですっかり有名になったプリウスだが、実は、ハリウッドのセレブたちがプリウスに乗り始めたのは初代プリウスからである。二〇〇二年十月にニュース専門のテレビ局CNNが、「トヨタ・ハイブリッド」といったタイトルでハリウッドのセレブたちがプリウスに乗り、人気を呼んでいるのを報じていた。

「カリフォルニアは環境汚染の都だ。そして、環境汚染を防ごうと努力をしている都でもある。でも、その街で最近、奇妙な動き（トレンド）がある。ステータス・シンボルが逆流しているような感じだ。クールなクルマなのだが、実は、それはハイパフォーマンスではない。

ハリウッドのセレブに数多くのプリウスを売った自動車販売店のセールマンはこう言っている。『私はキャメロン・ディアスにプリウスを売りました。レオナルド・ディカプリオは私たちから三台のプリウスを買ったほどです。今は、アレック・ボールドウィンと話をしているところですが、彼は買うでしょう』」（CNN・二〇〇二年十月二十三日）

塚本潔は次のようにも書いている。「まさかセレブがハンドルを握っているとは思わないだろう、といった『おかしさ』を楽しんでいた。実は、そのクルマが何であるかを知った人たちは、『セレブが未来的なクルマに乗っている！』と驚くわけだ」

二〇〇三年、ディカプリオたちはアカデミー賞の授賞式にプリウスで乗り付けた。三大ネットのひとつNBCテレビがこの場面をテレビ放送した。

それではもう一冊の本を紹介する。横田一・佐高信＋週刊金曜日取材班による『トヨタの正体』（金曜日、二〇〇六年）である。


二〇〇五年十月二十四日、トヨタを批判する意見広告がプレスリリースされ、米国内の自動車業界紙などで紹介された。

タイトルは「トヨタはヒツジの皮をかぶったオオカミなのか?」。渡辺捷昭トヨタ自動車社長の隣に同じスーツ姿のオオカミが並び、その頭にはヒツジの皮らしきものをかぶっている。

意見広告を出したのは、カリフォルニア州の環境保護団体「ブルー・ウォーター」（サンフランシスコ市）だ。プリウスに代表される環境対応車で有名なトヨタが、なぜ、環境団体の批判対象になったのか。その背景には、カリフォルニア州と米国の自動車メーカーの対立があった――。

カリフォルニア州は二〇〇九年以降、州内で販売される新車に対して、二酸化炭素など温室効果ガスを現行車より減らすことを義務付けた。二〇一六年以降に販売される新車には最大三四％の削減を求めるというものであった。この規制強化策は日本でも大きく報じられた。しかし、トヨタがアメリカのビッグ3とともに、この規制強化策に反対の立場をとったことは報じられなかった。トヨタは「環境に優しい」というイメージを掲げてプリウスを売りまくっていたのである。

『トヨタの正体』をもう一度引用する。

「プリウス」に乗ったハリウッドスターが赤じゅうたんの上に次々と降り立っていく。毎年恒例となったアカデミー賞授賞式での光景こそ、「環境に優しいトヨタ」というイメージを定着させるのに決定的な役割をした。

二〇〇四年の授賞式では、史上最年少で主演女優賞にノミネートされたケイシャ・キャッスル・ヒューズ（『鯨の島の少女』に出演）がプリウスに乗って登場。待ち構えていた米ABCテレビのカメラに向かって、「私は運転できないけれど、この車に乗ってきたことで、地球環境を守る意思を示したの」と話した。

〇五年のアカデミー賞の授賞式でも、映画『アビエーター』で主演男優賞候補となったレオナルド・ディカプリオをはじめ、シャーリーズ・セロンらハリウッドスターがプリウスで駆けつけた。授賞式を紹介する記事の中には「良識派のセレブ（有名人）はドレスだけでなく、車選びにも気を使わなければならなくなった」と書くものまで現れた。

トヨタの笑いが止まらない結果となったのには、仕掛けがあった。実は、環境団体「グローバル・グリーン・USA」とトヨタが組んで仕掛けたキャンペーンだったのである。その名も「赤いじゅうたん――緑のスター（環境に優しい俳優）」キャンペーン。〇三年から毎年、この環境団体はプリウスの無償貸し出しをハリウッドスターに申し出て、スターがそれに応えることで宣伝効果抜群の光景を出現していたのだ。


かくして、「環境に優しい車」のイメージは揺るぎないものとなった。プリウスが本当に「環境に優しい車」なのか。この点については別の項で詳述する。

この項の終わりに、日本経済新聞（二〇〇八年八月三日付）を引用する。


優れた燃費や品質を武器に日本車が米市場へ攻勢を始めたのは、第一次石油危機後の一九七〇年代。米国での日本車シェアが二割に迫るたび貿易摩擦が表面化、八〇年代には対米輸出の自由規制に追い込まれた。ところが最近ではシェア四割を超えてもなお、摩擦を懸念する声は聞かれない。

米国で「トヨタ」ブランドは、GMの看板ブランド「シボレー」やフォード・モーターの「フォード」と販売台数で肩を並べる存在。ハイブリッド車「プリウス」は六カ月待ちの人気だ。米ニューヨーク大学のエドワード・リンカーン教授は「若い世代ほど『トヨタ＝外資』とは単純に考えない」と指摘する。

米経済への貢献も大きい。米国勢が相次ぎ工場を閉鎖するなか、トヨタやホンダはなお新工場建設を進める。販売店や取引先を含めると、トヨタは米国で四〇万人規模の雇用を創出しているといわれる。トヨタは「米国では急にナショナリズムが進むことがある」（幹部）と警戒を緩めていないが、米大統領選の過程でも「日本車たたき」の気配はない。

「日本車たたきの気配はない」という一点にこそ、トヨタ、ホンダ、日産の車が急に売れなくなった最大の原因がある、と私は思うようになったのである。

トヨタとホンダ、日産のジャパン・ビッグ3は、アメリカ市場が無限に拡大するものと信じて、多品種、多様の車を売りに売りまくったのである。その結果が二〇〇八年八月から十二月にかけて出てきた。プリウスも全く売れなくなっていくのである。私はその最大の原因を、貪欲生産至上主義（略して貪欲主義）によるものと考えるようになった。どうしてか？　答はいたって簡単である。それはトヨタのモットーの中に見えてくるからである。

ジェフリー・ライカー（ミシガン大学教授）は『ザ・トヨタウェイ』（稲垣公夫訳、日経BP社、二〇〇四年）の中で次のように書いている。

効率のためならどんどん機械を入れる。人の方が効率的なら、ためらわず機械をすてる。それがトヨタだ。

ライカー教授の結論は「トヨタの強さは貪欲な効率の追求にある」ということだ。トヨタは二〇〇八年一月現在で、手元資金四兆二六〇〇億円。自動車ローンなどで持つ長期の金融資産が五兆六九〇〇億円。二〇〇八年三月期に、設備投資額一兆五〇〇〇億円、研究開発費を九四〇〇億円、それぞれ投じる予定であった。しかし、半年経った二〇〇八年八月の時点で、プリウス以外には売れる車種がなくなった。そのプリウスさえもが売れなくなっていくのである。

二〇〇八年八月が、トヨタ、ホンダ、日産のジャパン・ビッグ3の分岐点であった。米国の七月の新車販売で初めて日本の八社が米自動車ビッグ3を単月で上回った。そのトヨタの七月の販売が前年同月実績を一一・九％下回った。トヨタの凋落が始まったのである。そして、もう二度と、半永久的にトヨタの復活はあり得ない。アメリカが二〇〇八年という年を境として大きく変貌したからである。ライカー教授が「トヨタの強さは貪欲な効率の追求にある」と結論づけた、その〝貪欲さ〟が消えざるを得なくなったからである。この世界が、アメリカも他の国もふくめて、貧欲さを捨てざるを得なくなったからである。

二〇〇八年八月から十二月にかけて、車はまったく売れなくなった。トヨタの貧欲主義は完全に消滅した。いかに「環境に優しい」車であるプリウスでさえ、今、アメリカで投げ売りされている。それでも売れないのである。プリウスを造る豊田市の堤工場の製造ラインはほとんど止まっている。どうしてこんな結果になったのか？　私は「貧欲主義」の終焉《しゅうえん》が訪れたからであると結論する。「貧欲主義」の終焉について書くことにしよう。

「欲望という名の電車」の終着駅

『エコノミスト』（二〇〇八年八月十九日号）に、河村靖史（自動車ジャーナリスト）は次のように書いている。

トヨタは七月十日、北米生産体制の再構築を発表した。北米で現地生産しているフルサイズ・ピックアップトラック（ボンネット型トラック）の「タンドラ」、SUV（多目的スポーツ車）の「セコイア」の生産を八月上旬から三カ月間停止し、生産調整するとともに、米ミシシッピ州に建設中の新工場では当初予定していたSUV「ハイランダー」の生産をやめ、ハイブリッドカー「プリウス」を生産する。

トヨタはサブプライム問題がアメリカを襲った二〇〇七年度も好調だった。〇八年度も米国市場での拡大を狙った。しかし、米国市場は〇五年の一七四四万台をピークに二年連続で減少した。日本のビッグ3は、二〇〇八年の予想を当初一六〇〇万台としていた。しかし、一四五〇万～一五〇〇万台になると修正せざるを得なかった。二〇〇八年の上半期（一－六月期）は乗用車部門で前年同期比で一・七％の減少に比べ、小型トラック部門は同一八・三％減。六月単月では、二九・五％の減であった。トヨタはこの状況を見て乗用車、とくにプリウスに重点を置いて生産体制の見直しをしようとした。

トヨタの〝チェンジ〟は間に合わなかった。六月の米自動車販売数は年換算で一三六〇万台となった。

日本という国家は生産性を重要視して生き延びてきた。二〇〇六年の「新経済成長戦略」、二〇〇七年～〇八年の「骨太の方針」などは、サービス産業までを取り込んで労働生産性の向上が絶対的な目標とされ、ほとんどの日本人に異存はなかったのである。ＩＴ（情報技術）の推進も、人的資本の育成政策もこの線にそって進められた。トヨタはその代表として、国家の戦略の最前線に立ち、果敢に戦い続けたのである。

トヨタは二〇〇一年に日野自動車を子会社化し、ダイハツ工業を傘下に入れ、毎年毎年、世界市場ナンバー1への目標を立てて、着実に一本道を進んできた。〇六年三月期連結決算で初めて売上高が二〇兆円を突破し、営業利益も日本企業として初めて二兆円を超えた。しかし、二〇〇八年の六月から七月にかけて、トヨタは世界戦略を修正せざるを得なくなった。日本の四－六月期の国内総生産（GDP）も実質で前期比〇・六％減（年率換算二・四％減）となった。トヨタの輸出と設備投資にブレーキがかかったのと同じく、日本の輸出と設備投資にブレーキがかかったのである。

私はこれから日本の変貌ぶりを書き続ける。個人消費、住宅投資、設備投資、政府消費、公共投資……これらすべてが、二〇〇八年六月ごろを境にマイナスとなっていった。あえて次のように書く。「もう二度と、日本のGDPが増えることはないであろう」と。

どうしてか？　日本はアメリカに大きく依存して高度成長を続けてきたからである。そのアメリカのGDPの七〇％を占める国内消費が大きく消えているのである。トヨタは自社の貪欲な目論見が崩壊していくのを知るのである。

二〇〇八年八月七日、東京都内のホテルで木下光男トヨタ自動車副社長は、二〇〇八年度第1四半期「四－六月期連結決算」（米国会計基準）を発表した。

この会見で木下副社長は、米国での販売不振と円高ドル安の影響を受けたことを語った。売上高は前年同期比四・七％減の六兆二一五一億円、本業の儲けを示す営業利益は三八・九％減の四一二五億円、純利益は二八・一％減の三五三六億円。

トヨタ自動車九州（福岡県宮若市）は、主に米国向けの高級車「レクサス」を生産している。トヨタは派遣社員を六月に約三五〇人、八月に約四五〇人、契約解除した。

二〇〇九年三月期の業績見通しについては「様子を見てみたい」と木下光男副社長は述べた。トヨタは車がどれぐらい売れなくなるのかも予測できなかったのだ。

米国でのホンダの販売減が比較的小さい。ホンダの営業損益は〇・二％。シビックなどの小

自動車大手８社の2008年4−6月期連結決算

	売上高		営業利益	
トヨタ	6兆2151	(▲4.7)	4125	(▲38.9)
ホンダ	2兆8672	(▲2.2)	2213	(▲0.2)
日産	2兆3472	(▲4.1)	799	(▲46.1)
スズキ	9104	(1.8)	337	(▲16.5)
マツダ	7718	(▲5.2)	282	(▲12.4)
三菱	6100	(▲3.3)	98	(64.3)
ダイハツ	4458	(10.5)	184	(17.5)
富士重	3411	(7.2)	64	(84.0)

※単位は億円、カッコ内は前年同期比の増減率％、▲はマイナス

型車が比較的に好調だったことによる。

『週刊東洋経済』（二〇〇八年八月九日号）に、リチャード・カッツは「日本経済はいつまで〝他国の善意〟に頼れるか」を書いている。その論説の冒頭の部分を引用する。

米国の演劇史上、最も有名なせりふの一つは、苦境に陥ったブランチ・デュボアという女性が「私はいつも他人の善意にすがって生きてきたのよ」（『欲望という名の電車』）というせりふである。過去五年間、日本経済は〝ブランチ・デュボア経済〟であった。もっと陳腐な言い方をすれば、日本は輸出依存型の経済であった。過去4四半期に日本がリセッションに陥らなかったのは、輸出が増えていたからである。

私はカッツが言わんとする「ブランチ・デュボア経済」という説に賛成する。カッツの説をもう少し拝聴してみよう。日本人がいかに甘い考えを持っているかが分かるのだ。

日銀は月次報告で企業収益の低下は「主に交易条件の悪化によるものである」と分析している。すなわち輸入原油などのコモディティ価格の上昇が主因だと見ているのだ。需要低迷ではなく、コスト増が収悪悪化の要因であるということだ。しかし、収益悪化の主因は低調な売上げにある。一－三月期の企業の売上高は前年同期比で一・五％の減であった。減収は最も雇用者数が多い中小企業に特に大きな打撃を与える。

利益が落ち込むと、間を置かずに投資が落ち込む。財務省の法人企業統計によれば、過去4四半期、設備投資はいずれも前年同期を下回っている。今年の一－三月期は前年同期比でほぼ五％の落ち込みとなった。今回の景気回復では設備投資が成長の三分の一を占めていたが、今や設備投資は成長の足かせとなってしまった。

カッツが指摘するように、トヨタは「ブランチ・デュボア経済」のよきサンプルである。他人の善意にすがる貪欲さほど始末に悪いものはない。トヨタは国内、国外に過剰なる設備を乱造し続けたのである。

トヨタは「成熟した国内市場」から脱出して、アメリカ、中国、ロシア、インド、ヨーロッパへと進出した。世界中いたるところにトヨタの工場が出来た。今やカッツが書いているように、トヨタの設備投資は「成長の足かせとなってしまった」。否、もっと正確に書くならば、トヨタの設備投資は、トヨタの内部留保の資産を毎日毎日喰いつぶす存在となった。

トヨタをはじめ日本の輸出企業はアジア向けに方向転換すべきだという説がある。これは全くナンセンスな説である。カッツは「日本のアジア向けの部品の輸出の多くは最終的に対米輸出に向けられるからである。アジア諸国の対米輸出が減れば、日本のアジアへの輸出も減るだろう」とも書いている。

日本人は「私はいつも他人の善意にすがって生きてきたのよ」と、嘆き続けるブランチ・デュボアの演技を演じ続けているのだ。「トヨタ病」が日本人の心の中に浸透し続けているのだ。幕が降りようとしているのに、演技を続けたいと泣き叫んでいる。日本人全部が「欲望という名の電車」に乗っているのだ。

トヨタという名をつけた「欲望という名の電車」は多くの日本人におこぼれ（トリクルダウンという）効果をもたらした。トヨタだけではない。ソニー、パナソニック、キヤノンという名をつけた「欲望という名の電車」は、海を越えてアメリカへ、中国へ、アジアへと路線を拡大していった。しかし、終着駅が見えてきた。

それは、おこぼれという恩恵が消えていくことを意味するのである。

たしかにプリウスだけは売れていた。トヨタは二〇〇八年八月二十五日、プリウスの値上げを発表した。原材料値上がりと乗用車販売不振の中で、唯一売れているプリウスの値上げで、赤字の穴埋めをしようとするものであった。プリウスは日本市場でも納車まで二、三カ月待ちであった。レクサスやクラウンといった高級車は国内市場ではすでに売れなくなっていた。この時期八月、連結営業利益は一兆六〇〇〇億円の見通しであった。トヨタはまだまだ強気であったのだ。だがこの値上げ後に、そのプリウスでさえも売れなくなっていくのである。

　ここでもトヨタは情勢判断を誤った。トヨタが通常のモデルチェンジ時以外に値上げをするのは商用車では一六年ぶり、乗用車では三四年ぶりのことであった。トヨタはこのプリウスの値上げをすでにアメリカやヨーロッパで実施していた。この値上げで世界全体で数百億円の増収を見込んだ。だが、トヨタの値上げ作戦は見事に失敗する。

　二〇〇八年八月二十八日、トヨタは都内で説明会を開き、ダイハツ工業と日野自動車を含むグループ全体の二〇〇九年の世界販売計画を、〇七年夏に発表した一〇四〇万台から七〇万台少ない九七〇万台に下方修正した。この日、渡辺社長の説明の後に、世界販売の責任者である豊田章男副社長は、「中国市場は〇八年から〇九年にかけて二〇万台の伸びが期待できる牽引役だ」と記者団に語ったのである。豊田章男は次期社長である。

　豊田章男次期社長の認識は救いがたいほどに甘い。私は、トヨタの未来は処置無しなほどに真っ暗だと思った。豊田章男副社長がそう語っていた八月二十五日、中国市場で車は売れなくなっていたのである。中国もアメリカと同じように住宅バブルがはじけていた。北京オリンピックが終わった後の中国は数万単位で企業が倒産し、失業者が一〇〇〇万人単位で出ていたのである。

トヨタは米国市場の見方を見誤っていた。二〇〇八年の初めでさえ、渡辺社長も豊田副社長も米国の落ち込みは限定的で、年末には回復するとしていたのである。トヨタのトップは経済評論家たちと同じように、情勢判断が甘かったのである。

ついに姿を現した世界同時不況の大波

プリウスは二〇〇八年九月一日の値上げ直前に受注台数が急増した。トヨタは原材料高騰を受けての値上げであった。プリウスの主力グレードは希望小売価格で七万三五〇〇円上昇して二三八万三五〇〇円となった。八日の国内新車販売で、プリウスは前年同月比一三・三％増の四七〇八台売れて一〇位に入った。販売首位はスズキの軽自動車ワゴンR（一万三七三七台）、二位はホンダの小型車フィット（一万一七七〇台）、三位はダイハツ工業の軽タント（一万七一八台）。一〇車種中の五車種が軽自動車であった。

トヨタはプリウスを二〇〇九年春から日本全国の全系列店で販売すると、九月九日に発表した。プリウスはトヨタ店とトヨペット店だけで販売してきたが、全店で販売するのは一九八二年の製販統合以来初であった。八月の販売台数は前年同月比で一三％増えた。

アメリカでは、車が売れにくくなっていた。トヨタがアメリカ市場で販売不振に陥るようになったのは販売台数だけの問題ではなかった。新車が売れなくなるにつれて、インセンティブ（販売奨励金）という難問にトヨタと日産とホンダは直面し、悪戦苦闘するようになった。本来は販売成果に対する報奨金であった。しかし、販売時の値引き原資の意味合いが強くなった。支出は売れ行き悪化に伴い増加していった。七－八月期に入り、トヨタと日産はインセンティブが急増した。トヨタは八月に入ると、車一台売れるごとにインセンティブは一五〇〇強ドルと、前年同月比約三割ほどの上昇となった。大型車の利益率は中小型車より高い。だから、インセンティブが増えても利益が出る。しかし、大型車で稼いでいたトヨタはプリウスなどの小型車しか売れなくなり、販売台数の減少とともに、利益が極端に下降していった。

もう一つ、トヨタの実績が悪化したのはリース販売の会計処理の問題だった。新車市場が収縮していくなかで、大型車を中心に、米国では中古車価格も下落した。サブプライム問題が深刻化したために、今まで中古車を買っていたサブプライム層（中下層階級）が離れていった。代表的な中古車価格指標であるマンハイム・インデックスは七月には前年同月比で四・四％も低い水準となった。なかでも大型ピックアップトラックは二三・六％、大型ＳＵＶは二六・一％も下落した。燃費の悪い車種群にはまるで買い手がつかず、下落幅は八月からさらに拡大した。

アメリカ人の多くはリース満了後の車を買っていた。日本流に表現すれば準新車ということであろう。日本人は分割ローンで車を買うのが一般的だが、米国では、メーカー側がクルマを所有したまま消費者に貸す「リース販売」が一般的だという（トヨタは二〇〇九年に入ると「トヨタ三年分買います」のキャッチフレーズのもとにリース販売を日本国内で大きく展開している）。『週刊東洋経済』（二〇〇八年九月六日号）から引用する。

〔リースの〕期間は三年間が一般的。ごく簡単に言えば、三年後の残存価格（残価）X円と想定し、本体価格からX円を引いた差額に金利などを加えた金額を月々三六回払いで支払う。消費者がより手軽にクルマに乗れる仕組みだ。リース満了後は、消費者は車両を返すか残価で買い取るかのオプションを持つ。買い取ったら乗り続けてもいいし、中古車市場で転売してもいい。

日本とは異なる販売方法である。そのため中古車価格が下がると返却率が上がる。ということは、メーカーのもとに価値が減じた車（不良資産）がどっと返ってくる。すべてが負の方向に向かうのだ。

八月から急激に中古車価格が下降し続けた。リース関連の損失も大きくなった。特に日産は四－六月期で四二〇億円の引当金を積んだ。トヨタは二五〇億円を計上した。リースされた車は売れなくなった。新車を置く駐車場もなくなった。特に日産の評価損計上は、経営不振に陥った一九九〇年代後半以来であった。今回は想定以上の需要減が響いた。トヨタは計算方法を発表していないので詳細は不明である。トヨタも八月以降、リース販売の会計処理で莫大な損失金を出していることは間違いない。特に大型ピックアップトラック「タンドラ」の評価損が増えているはずだ。

蒼ざめる中小企業、見えなくなった景気の底

日本経済新聞（二〇〇八年十月三日付）から引用する。「新車販売世界で急減速」との見出しの記事である。

二〇〇八年台数七年ぶり減少も

米国発の金融危機が世界の自動車産業を揺さぶっている。震源地の米国の新車販売台数は九月、前年同月比二六・六％減となり一七年ぶりの低水準に縮小。ガソリン高に加えた金融機関の貸し渋りや株安などを背景に頼みの綱だった新興国市場も減速感が強まっており、今年の世界販売台数は七年ぶりのマイナスに転じる可能性が出てきた。世界経済の牽

引役となってきた自動車産業の不振は金融危機が実体経済に波及し始めたことを象徴している。

二〇〇八年通年でも、米販売台数は〇七年の一六一五万台から約一四〇〇万台に減少した。ヨーロッパ（主要一〇カ国）でも新車販売台数は四カ月連続で減少した。トヨタの石井克政常務役員は「燃費のいい小型車も売れ行きが厳しい」との談話を出した。プリウス人気にも陰りが見えてきた。

九月のトヨタの販売台数は前年比二九・五％減となった。主力のカローラが前年同月比で二〇％超の激減となったほか、好調だったヤリス（日本名ヴィッツ）も同〇・一％増どまりとなった。トヨタは北米の大型車専用工場を三カ月間操業停止したままとなった。日産も米国向けの高級車のインフィニティを九－十月で一万台減産することにした。ホンダも北米工場での大型車生産を年間約五万台減らすこととなった。

自動車ローンの焦げ付きが目立ってきた。米国の金融機関が審査を厳しくしたためであった。金融不安が日一日と深刻化していったのである。

トヨタはトヨタ九州で期間従業員の削減を続けていた。田原市の田原工場の周辺ではスーパーの売上げが前年より三割減った。日銀名古屋支店では九月の雇用判断を五年五カ月ぶりに下方修正した。地域経済がトヨタ車の販売不振の影響を受けて、曲がり角を迎えたことを示していた。

米国労働省は十月三日、九月の雇用統計を発表したが、非農業部門の雇用者数は一五万九〇〇〇人減少し、九カ月連続で悪化した。八月の雇用者数の減少は八万四〇〇〇人、七月は六万七〇〇〇人であった。九月十五日に倒産したリーマン・ブラザーズの影響が雇用者減となり、新車販売をも直撃したのである。

朝日新聞（二〇〇八年十月二十五日付）から引用する。苦悩するトヨタが描かれている。

> 〇八年の世界販売台数が八三〇万台程度と、一〇年ぶりに前年割れとなる見通しのトヨタ自動車。同社の〇九年三月期の営業利益は前年比で半減する可能性すらある。拡大を続けてきたトヨタの変調は、下請け企業にも及び始めた。
>
> 「前年比で二〇％減は覚悟してほしい」。愛知県内の部品メーカー社長は今月、年内の出荷数量についてトヨタのグループ企業から通告された。
>
> 出荷が減れば、さらにコストを削減しないと採算が合わなくなる。人減らしや機械化で、過去一〇年で三割近くのコストを削減。今年もすでに外国人労働者を六人から三人に減らし、今週さらに一人解雇した。「よく働いてくれたので気の毒だと思う。でも、会社を守

らなくてはいけない」と社長はいう。

最近、トヨタ系部品メーカーが約六〇社の下請け企業を緊急招集し、現状を説明した。「パートゼロ、派遣ゼロの優良企業がある」。メーカー社員が合理化の「好事例」を紹介すると、会場内の空気が一瞬で張りつめた。「景気の底が見えなくなり、さらに首を切れということか」。世界同時不況の大波が中小企業の足元にも忍び寄ってきた。

トヨタショックの波は二〇〇八年十月に入って、多くの人々の眼前に迫ってきた。朝日新聞には次のようにも書かれている。

首都圏でも優良店で通ってきた大手自動車メーカー系列の販売店。スポーツ用多目的車（SUV）など大型車は九月は一台も売れなかった。店先に新型車の名前を書いたのぼりを四本たて、垂れ幕も飾ってみたが、十月の三連休もほとんど客は来なかった。「閑古鳥が鳴いている。他店も同じみたいだけど」。五〇代の店長は嘆く。通常の三倍の住宅を訪問し、新車購入を勧めるよう社員にはっぱをかけたが、そんなに回れないとは店長自身の経験から分かっている。「しかしそうでもしないと、生き残れない」

首都圏の大手メーカー系列の販売店でさえ、車が売れなくなった。地方の新車販売店の売上げはそれ以上に落ちている。

「しかしそうでもしないと、生き残れない」という店長の嘆きは、「新車を買いたいけれど、生きていくためには買うことができない」という日本人の切々たる声に他ならないのだ。

[第二章]

トヨタから金《カネ》が消えていった

急降下する株価、その真の意味

『日経ヴェリタス』（二〇〇八年十月十二日発売号）の記事を引用する。

次に何が起きる　最強トヨタもPBR一倍割れ

世界不況を先取りする形で、株安が日本を直撃した。米ダウ工業株三〇種平均が約四年ぶりに一万ドルを割り込んだのに続き、日経平均株価は〔二〇〇八年〕十月八日に前日比九・三八％も下げて一万円を割った。週末十日には同九・六二％安の八二七六円まで下げた。一九八七年のブラックマンデー、五三年のスターリン暴落に次ぐ下げ率だ。

異常事態を象徴したのはトヨタ自動車。盤石の財務内容で知られる同社の株式時価総額は十日、純資産を下回り、株価純資産倍率（PBR）が「解散価値」の一倍を切った。一体これから何が起きるのか。

海外ファンドなどが借金の返済（デレバレッジ）を急げば急ぐほど、優良株への換金売りが膨らんでいく。一ドル＝一〇〇円を突破した円高は企業業績の先行き不安をかき立てる。東証一部に上場する会社の株式時価総額の合計は二〇〇七年夏に比べて三〇〇兆円減った。株式など資産価格の下落は消費マインドを冷やす。

同じ号の『日経ヴェリタス』にトヨタの記事が出ている。「車需要低迷、一層の下値不安」のタイトルがついている。

週間下落率は二一％に達した。十日に一時前日比三四〇円（一〇％）安の三〇四〇円まで下げ、二〇〇三年八月以来の安値水準を付けた。国内外の機関投資家による利益確定や換金目的の売りに押されている。

世界的な景気減速に伴う自動車需要の低迷も懸念材料だ。八日には「二〇〇九年三月期の連結営業利益が前期比約四割減の一兆三〇〇〇億円前後になりそうだ」と伝えられた。

十日終値と会社予想に基づくＰＥＲ（株価収益率）は八倍程度。前期末の一株当たり純資産で算出したＰＢＲ（株価純資産倍率）は約〇・八五倍と一倍を下回っている。歴史的には割安とされる水準に達しているが、機関投資家からは「世界的な減産基調が続くとみられ、一般の下値不安から買いを入れにくい状況」（ちばぎんアセットマネジメントの安藤富士男専務）との声も聞かれる。

来期以降の業績についても厳しい見方が出ている。日興シティグループ証券の松島憲之アナリストは七日付リポートで「販売数量は北米と欧州が大幅に落ち込むとみられ、レクサスなど高級車の販売不振が加速する可能性が高い」と指摘している。（※ＰＢＲとは、株価純資産率で、株価÷一株あたりの純資産額のこと）

トヨタは二〇〇八年六月十八日に五六七〇円をつけた株価が下落を続けている。十二月五日に二六五〇円の最安値をつけた後、多少上昇したものの、三〇〇〇円台前後の株価である（二〇〇九年二月十四日終値＝三〇三〇円）。

また、二〇〇九年三月期の連結営業利益は予想を大きく下廻り、営業赤字の見通しとなった。

このことは前章で詳述した。

トヨタだけが状況を悪化させたのではない。

トヨタの株価推移

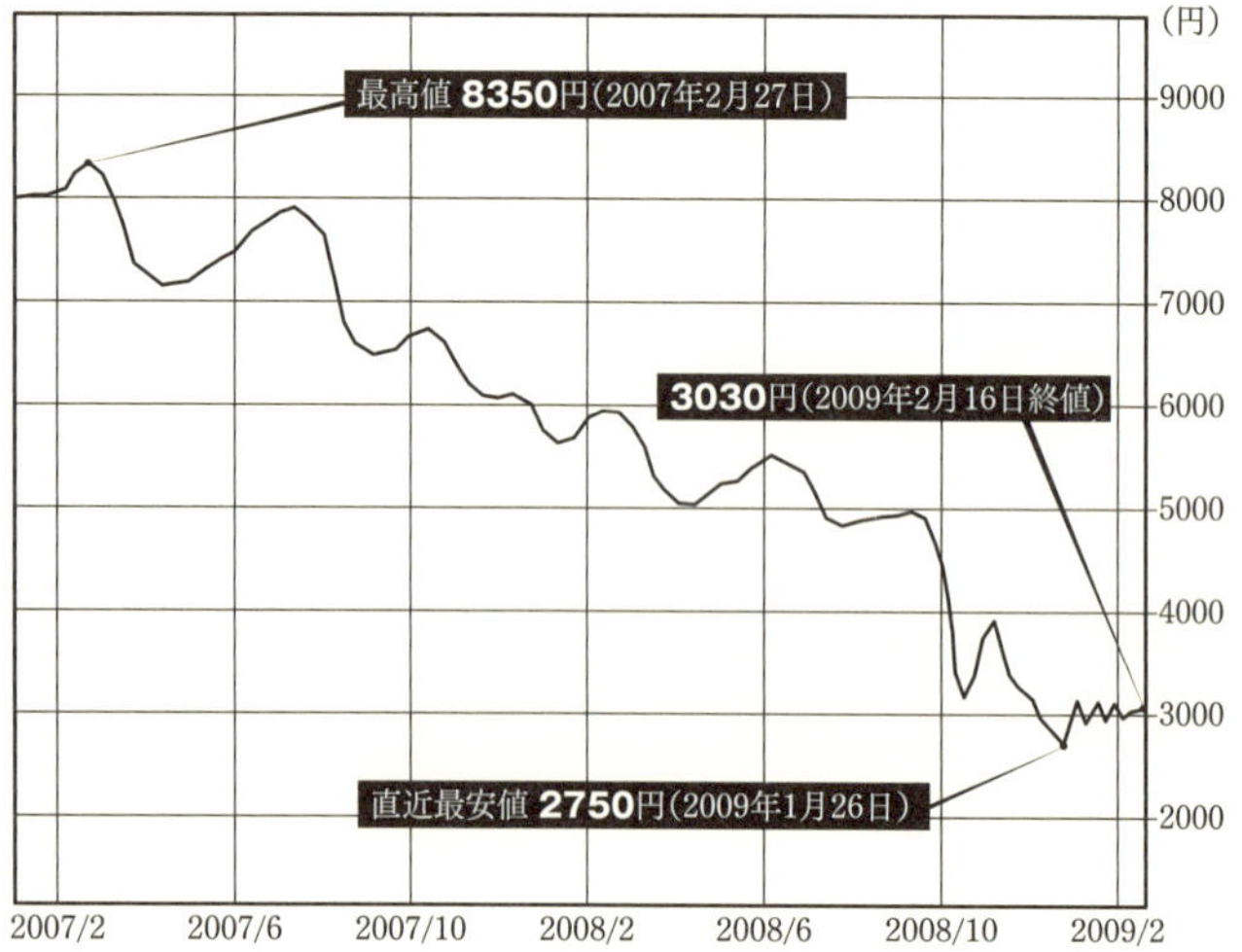

ジャパン・ビッグ3の一角、日産の惨状はトヨタ以上であった。日産の惨状を朝日新聞（二〇〇八年十一月一日付）で見ることにしよう。

日産自動車は三十一日、〇九年三月期決算の連結業績予想を下方修正した。米国での販売不振や急激な円高で、営業利益は五月公表の五五〇〇億円からほぼ半減し、前期比六五・九％減の二七〇〇億円に落ちこむ。日産は〇八年度の生産計画を見直し、国内外で計二〇万台以上を減産する。国内で派遣従業員を約一千人削減する。〔中略〕

世界的な販売不振を受け、〇八年度の世界販売計画も従来計画比一三万台減の三七七万台に下方修正した。米国向け大型車を生産する栃木、九州工場で十二月までに八万五〇〇〇台を減産するなど、年度内の減産は世界で計二〇万台以上となる。国内で約二〇〇〇人いる派遣従業員を半減させ、欧米で正規従業員を二五〇〇人削減する。設備投資は当初計画より五〇〇億円、研究開発費は四〇〇億円減らし、緊急性のない投資は延期する。

「派遣切り」はすでに始まっていた。トヨタも日産も派遣切りをしていたのである。

私たちは、欧米で大量の従業員が首を切られている現実に想像力を働かせなければならない。

トヨタはアメリカの多くの工場で三カ月間の休業状態にしていた。私たちはトヨタがたくさんのアメリカ人を窮状に落としたことに想像力を働かせなければならない。
下の「自動車メーカーの連結業績」を見て、私たちは、この表の中に、悲しみゆえにいっぱいの涙をためて路頭にさまよう人々の姿を想像力を働かせてイメージしなければいけない。
日本経済新聞（二〇〇八年十一月七日付）に「トヨタ、営業益七割減」と出ている。その中に渡辺捷昭社長を委員長とする「緊急収益改善委員会」が発足したと書いている。以下に記す。

販売管理費や製造費用などすべての経費を対象にコスト削減を進める。環境技術など戦略投資は継続する一方、「新設工場や能力増強案件などを総点検し、時期や規模を精査する」（木下光男副社長）という。

自動車メーカーの連結業績

単位億円、カッコ内の▲は前年同期比減少率％
上段が08年4－9月期、下段は09年3月期予想

	売上高	営業利益
トヨタ※	12兆1904（▲6）	5820（▲54）
	23兆0000（▲13）	6000（▲74）
ホンダ※	5兆6940（▲4）	3701（▲27）
	11兆6000（▲3）	5500（▲42）
日産	4兆8693（▲4）	1916（▲48）
	9兆6000（▲11）	2700（▲66）
7社合計	28兆0073（▲5）	1兆3090（▲44）
	54兆3600（▲10）	1兆6830（▲62）

※は米国会計基準。7社はマツダ、三菱、スズキ、富士重工を含む

感情のまったく見えないこの文章の中に、私は多くの人々が（派遣社員、臨時工、本工を含めて）、これから万単位となって首を切られていくイメージを持ったのである。

『週刊ダイヤモンド』（二〇〇八年十一月十五日号）に野口悠紀雄（早稲田大学院ファイナンス研究所教授）が「市場が求めるのは経済構造の大転換」という論文を寄せている。

> 「アメリカの投資銀行モデルは終焉した」と言われる。確かにそうかもしれない。しかし、その半面で、日本の輸出モデルも破綻したのだ。この二つは、同じ現象の表と裏である。
> これまで、「アメリカ経済は大変な問題を抱えているが、日本経済は比較的健全だ」という意見が強かった。しかし、それはまったくの見当違いだ。現在の日本の株価下落は、アメリカの火事の日本への延焼ではない。〔中略〕ウォールストリートは牧場になり、デトロイトは廃墟になってしまうかもしれない。しかし、別の場所では、新しい活動が生まれていることに注意が必要だ。

野口教授はこの論文の結びで「市場が激しい株価下落というかたちで要求しているのは、日本経済の構造を根本から転換させることだ」と書いている。

トヨタは拡大路線を転換せざるを得なくなった。二〇〇三年から〇四年にかけて、「日本経済は本格的に回復しつつある」といわれだした。トヨタは「売れる場所で生産する」という戦略を立てた。〇三年以降だけでも北米の五工場で生産ラインを新たに稼動させた。〇八年にもミシシッピ州に工場を建設中であった。二〇〇八年十月には販売台数が前年同月比三四・八％減となった。一九八三年二月以来の低水準である。

ミシシッピ工場をプリウス用に作り替えようとした。その人気車プリウスさえも売れなくなった。自動車ローンの審査が厳しくなり、プリウスでさえ売れ行きが減速したのである。アメリカだけではない。中国、インド、欧州でも同様に車の市場は縮小したのである。

朝日新聞（二〇〇八年十一月七日付）にはトヨタの惨状が次のように書かれている。

それでも、中長期の投資は急速に業績が悪化しても減らすのは難しく、今中間期でも有形固定資産は三月末から四〇九四億円増加。売上高の減少にもかかわらず、販管費も九四九億円増加して、急速な円高とともに収益の足を引っ張った。

だがトヨタは強気である。ハイブリッド車や電気自動車の開発を加速している。パナソニックと共同出資する自動車用電池の生産会社の事業拡大も進めている。これらは未来の戦略として当然である。しかし、トヨタは十一月の時点で、中国の吉林省長春市に新工場を作るべく計画している。インドやブラジルで、新型プリウスを中心に低価格小型車を二〇一〇年以降販売するべく工場を計画中である。約四兆円あるといわれる手元資金は、消えることはないのであろうか。

二十一世紀の「労働者ぶっ殺し装置」

アメリカでは二〇〇八年十月から失業者が急激に増えてきた。米労働省が十一月七日に発表した失業率は前月より〇・四％増の六・五％。非農業部門の就業者は二四万人減。年初一月からの失業者は約一一八万人。この大半は八月、九月、十月の三カ月に集中している。十一月、十二月は約五〇万の失業者が出たのである。ビッグ3の一社でも破綻すれば、百万人単位で失業者が出ることになる（ビッグ3については別項で詳述する）。

アメリカで起きることは数カ月遅れで日本にも起きる可能性が大である。十月から日本でもその徴候が現れてきた。

『週刊東洋経済』（二〇〇八年十一月八日号）が「トヨタの変調が直撃！一気に凍る名古屋経済」という特集記事を載せている。

トヨタの雇用面も、ほんの少し前の「超人手不足」からは様変わりした。正社員は削減していないが、期間従業員を半年間で二割強削減した。俗にいう「期間工」は、最長三年弱を期限として工場で働く、短期の従業員。前期末の八八〇〇人から、この九月末には六八〇〇人まで圧縮された。ピーク時の〇五年末からは、約四割縮小したことになる。

「契約期間の途中で切ったのではなく、新車投入時期など需要変動の要因だってある。正社員への登用も毎年進めてきた」とトヨタ幹部は話す。ただ、期間従業員も新規採用は六月末を最後に行っておらず、当面は人員が増える見込みは薄い。

トヨタグループでは、デンソーや豊田自動織機、トヨタ紡織などの部品会社も、期間従業員や派遣社員を減らし始めた。

この「名古屋特集」の中で、内田俊宏氏（三菱ＵＦＪリサーチ＆コンサルティング・エコノミスト）が名古屋論を展開している。

サービスなど製造業以外にもさまざまな産業が集積する首都圏や関西と違って、東海の産業構造は製造業の一本足打法である。トヨタを代表格とする、大企業の下に四次、五次まで下請け企業が連なる製造業の集積は、事業拡大局面において、強烈なエネルギーと高い効率性となって威力を発揮する。

だが、歯車が逆回転を始めるときにはそれがあだとなる。製造業を補う脇役が見当たらないためだ。「竜の尻尾が東京なら、頭は東海。最初に上がるが、下がるのも最初」言い得て妙の表現である。親亀がトヨタである。子亀がトヨタ亀の背中にみんなして乗っているのである。歌の文句ではないが、御用心、御用心！　である。

私はトヨタを非難しているように見えるだろう。だが思考方法を変えれば、別の見方をすれば、トヨタはべつに誤った方法をとって、会社を経営していたわけではないのである。

ここで私は『エントロピーの法則』という一九八二年に出版された本について書く。著者はジェレミー・リフキン、竹内均が日本語訳をしている。訳者の竹内均は二〇〇四年に亡くなった。この地球物理学者は「訳者まえがき」の中で、次のように書いている。

そして、この真理が「エントロピーの法則」というわけである。たしかに、これまでの世界観・文明観には、この法則から出発したものが皆無であり、慢性的なエネルギー危機に直面している現在、この法則にのっとった新しい世界観・文明観を確立することが、二十一世紀に人類がさらに飛躍を遂げるために不可欠だとする著者の洞察は、まさに卓見だと言わねばならない。

ところで、この法則は、一般には「熱力学の第二法則」として知られるものであり、その指摘するところは、「覆水盆《ふくすいぼん》に返らず」という諺《ことわざ》に象徴されている。さらに詳細な物理学的説明は本文に譲るが、ここで一つだけ明確にしておきたいことがある。それは、現代物理学が絶対的な真理として認めているのは、この法則だけだという点である。

リフキンは同書の中で、「熱力学の法則」についてどのように書いているのか。

では、「熱力学の法則」とは何か。この法則には「第一の法則」と「第二の法則」があり、「第一の法則」は、「宇宙における物質とエネルギーの総和は一定で、けっして創成したり、消滅するようなことはない。また、物質が変化するのは、その形態だけで、本質が変わることはない」という、有名な「エネルギー保存の法則」である。

そして、熱力学の第二法則、つまり「エントロピーの法則」は、次のように表わされている。

「物質とエネルギーは一つの方向のみに、すなわち使用可能なものから使用不可能なものへ、あるいは利用可能なものから利用不可能なものへ、あるいはまた、秩序化されたものから、無秩序化されたものへと変化する」

要するに「第二の法則」は、宇宙のすべては体系と価値から始まり、絶えず混沌と荒廃に向かう、と説明することができる。エントロピーとは一種の測定法で、それによって利用可能なエネルギーが利用不可能な形態に変換していく度合いを測《はか》ることができるものである。また、「エントロピーの法則」によると、地球もしくは宇宙のどこかで、秩序らしきものが創成される場合、周辺環境には、いっそう大きな無秩序が生じるとされている。

竹内均もリフキンも、アイシュタインの相対性理論でさえもが「暫定真理《ざんてい》」に過ぎないと言っている。私もそう思っている。

人間という動物が創り出すものは、所詮、エントロピーの第二法則により最初から百も承知の混乱、小さなバブルにすぎないのである。私は読者が、この唯一正しいとされる物理法則にのっとって、この二十一世紀に発生したバブルとその後の恐慌を理解されることを期待する。この宇宙という大きな世界の中で、バブルでもないフロス（泡粒）がはじけて、恐慌ならぬ、小さな小さな無秩序が生まれたのである。

今、私はトヨタの車が売れなくなって、トヨタは二兆円の利益を期待したものが大幅な赤字

（この原因は後の章で詳述する）となったと書いてきた。これは「エントロピーの第二法則」からみれば当然のことなのである。トヨタは車を大量に生産し、売れる場所を捜し出し、売り尽くしたのである。だから無秩序が生じただけのことである。

リフキンは次のように書いている。

「エントロピーの法則」は、私たちに対し、なにゆえに現代の規範が瓦解《がかい》したのかを、徐々に、しかも正確に教えてくれるはずだ。私たち現代人は、長年、土台にしてきた古い規範と、いまや創成されつつある新たなる規範との狭間に存在しているわけである。やがて、誰が見ても明らかなのに、われわれはどうして誤った原理や理論を信じ込んできたのだろうと、唖然《あぜん》とする時代が到来するにちがいない。

正直に私は書こうと思う。

あの「金融工学」なるものも、「資本主義」も「共産主義」も、諸々のノーベル賞学者の説もすべて、信じるに足るものではないのである。読者よ、竹内均がいみじくも書いた「覆水盆に返らず」という法則のみが、この世の唯一の真理である。

自動車産業が崩壊した過程を私は書いている。二〇〇八年に、自動車産業はピークを迎えた。

後は滅び去るしかないのである。ではどのようになるのか？　「エントロピーの第二法則」のとおりに「新しい秩序らしきものが創られる場合、周辺環境には、いっそう大きな無秩序が生じる」のである。やがてその無秩序は消えていくが、大きなエネルギーが消えた後は「覆水盆に返らず」で、より安価のエネルギーが登場する。大型車が消え、ガソリン車が消え、コンパクトな電気自動車が登場してくるのは理の当然である。

その時を読者は想像されよ。車を製造する大規模工場は姿を消しているのだ。ガソリン車とは異なり、何十分の一の数の部品で走る車の時代がやってくる。トヨタ、ホンダ、日産……その名だけは残るかもしれないが、その形態は大きく変わっているに違いない。これが、「エントロピーの法則」が私たちに示す時代の流れである。ほんの一部の者のみが大型車を乗り回すかもしれない。しかし、泡粒ほどの存在と彼らはなっているはずである。

リフキンは『大失業時代』（一九九六年、松浦雅之訳、阪急コミュニケーションズ）という本も書いている。『エントロピーの法則』を書いた十数年後の著作である。同書から引用する。

　一九六三年三月、プリンストン大学先端研究所所長のJ・ロバート・オッペンハイマーを筆頭とする著名な科学者、エコノミスト、学者グループは『ニューヨーク・タイムズ』紙上に大統領への公開書簡を発表し、オートメーションがアメリカ経済の将来に与える危険に警鐘を鳴らすとともに、この問題についての国民的討論を呼びかけた。いま社会には三つの新たな革命的変化――サイバネーション（コンピュータによる製造工程などの自動制御）革命、兵器革命、そして人権革命――が起きつつあるとの現状分析から〈三重革命に関する特別委員会〉と名づけられたこのグループでは、新しい自動制御技術が賃金と労働の関係に抜本的な変化を強いていると論じた。その指摘によると、今日の時点まで「経済資源はつねに生産への貢献度にもとづいて分配されてきた」が、このような歴史的関係はコンピュータをベースにした新しいテクノロジーによって脅かされているという。同委員会は警告する。「生産の新時代がはじまった。工業時代が農業時代と大きく違うように、この新時代の組織原理とこれまでの工業時代との差異も歴然としている。サイバネーション革命はコンピュータと自動制御装置とが結びついて引き起こされた。この革命がもたらしたのは、ほとんど無限の生産能力をもち、徐々に人間労働が不要となるシステムである」

リプキンの描く世界は「エントロピーの法則」にのっとっている。しかし、リプキンはこの言葉を使わない。半世紀前に人類に与えたオッペンハイマーら科学者の警鐘が、今まさに現実化した。リプキンは次のように書いている。

会社機構のリエンジニアリングと技術革新による人員整理がもっとも顕著なかたちで進行しているのは自動車業界だ。すでに述べたように、脱《ポスト》フォード主義の機運は全世界の自動車産業を急速に変貌させつつある。同時に、脱フォード主義的なリストラは組み立てラインで働くブルーカラー労働者の大量解雇を招いている。世界最大の産業を誇る自動車製造業界で生産される新車は年間五〇〇〇万台を超える。ピーター・ドラッカーもかつてはこの業界を「産業のなかの産業」と呼んでいた。自動車メーカーとその関連企業は、アメリカ国内の全製造労働者の一二人にひとりを雇用し、その周辺に五万社以上の部品供給業者をかかえている。

「大量の失業者が生まれている」と私は書いた。統計に表れるアメリカの失業者数は、失業保険を受け取っている人々の数である。失業保険が切れた人々、失業保険に入っていない人々は失業者数に数えられていない。

私は二〇〇八年中に、アメリカの失業者は一〇〇〇万人に達するとみている。失業者の大半はハイテク社会の〝妖怪〟により作り出されたのである。集積回路や情報の高速化が、数値制御装置が、ロボットが、ブルーカラーもホワイトカラーをも追放したのだ。もはや彼らの大半は必要なくなったのだ。知識労働者や起業家や会社の経営者といった、ほんの一握りのエリートたちがハイテク経済の恩恵にありついている。日本でも、自動車、家電などの製造業の縮小によって大量の失業者が出てくる。労働者の多くは、熟練労働者でさえもが単純作業を押しつけられている。しかし、日本の経営者も、経済学者も、ハイテク社会が作り出した妖怪には口をつぐんでいる。

こうした中でトヨタ、キヤノンなどの名だたる大企業が人材派遣業者と業務請負契約を結び、派遣期間の制限などを逃れる「偽装請負」を行っている。人間を単なるモノとして扱っているのだ。若者たちが派遣会社に登録し、携帯電話で一日の仕事を与えられている。ワーキングプアが大量に製造された。そしてワーキングプアは、大量に切られた。この「派遣切り」が拡大していく。熟練工の大半も「派遣切り」と同じように扱われだす。ハイテクの妖怪が、モノと化した労働者たちをぶっ殺していく。これが二十一世紀が製造した「労働者ぶっ殺し装置」だ。もののあわれの現実である。

朝日新聞（二〇〇八年八月三十日付）には、「自動車市場の先行きが不透明感を増す中、トヨタは六月末に期間従業員の募集を停止。八三〇〇人いた期間従業員は一カ月で五〇〇人減の七八〇〇人と、ピーク時の七割に減った」と書かれている。期間従業員の七八〇〇人も、この本が世に出る頃には間違いなく切られていく。それから臨時工が切られていく。そして熟練工もどんどん切られていく。

どうしてか？　それはですね、必要がなくなった労働者というモノは廃車と同じなんです。それだけのことなんです。ハイ、それまでよ……ということなのです。

不況は地方から中央を目指す

八七頁の地図を見ていただきたい。福岡県と大分県中津市を取り囲む地域一帯が今や、「カーアイランド九州」といわれる地帯である。私は大分市の隣の別府市に住んでいる。中津市と大分市を結ぶ地域一帯にはキヤノンと東芝があり、ＩＴ産業が盛んである。

二〇〇八年八月二十七日、ダイハツ九州久留米工場が本格稼動を始めた。ダイハツはトヨタの子会社である。久留米工場は軽乗用車のエンジンを生産し、車両を組み立てる中津工場へと供給する。

生産能力は二一万基。大分工場に供給する。ダイハツはエンジンから車体まで九州で一貫生産する体制を確立したことになった。久留米市田主丸《たぬしまる》の周辺に鋳造アルミ加工などの関連部品産業が進出してきた。久留米市がカーアイランドの新たな核に浮上してきたのである。

この久留米工場が出来た一帯は、ほんの少し前までは朝倉郡田主丸町であった。植木の日本有数の産地で、のどかな地帯であった。私はこの地にトヨタが進出するというニュースを聞いたときに、「あ、ここまで彼らはやって来たのか」と思ったのである。「エンジン一基つくるのに一トンの水がいるが、耳納《みのう》連山の地下水がある」というのが、その決定的な理由であった。この発言は、久留米工場の進出発表から一カ月後の二〇〇七年二月、ダイハツ自動車白水宏典《しらみずこうすけ》会長（前トヨタ副社長）が田主丸町であった会合での発言である。

私は田主丸を幾度も訪れている。友人が柿をつくっているからだ。私の住む別府は温泉町である。しかし、田主丸はこの世にないほどの静けさを漂わせた果樹園の地帯なのだ。

この地の地下水はこの町の、否、九州というクニの宝なのだ。この宝の地でエンジンが年間二〇万基つくられ、周辺にアルミ加工工場がつくられれば、地下水はいつの日か涸《か》れて、汚染された水が地下に浸透するのは眼に見えている。

自動車ファンの読者には誠に申し訳ないのだが、車の大量生産システムに私はいささかの嫌悪感を持っている。後章でGMの没落を書く予定であるが、GM、フォード、クライスラーの没落の大きな原因の一つは、日本車のこれでもかといわんばかりのモデルチェンジによる新車攻勢であった。

朝日新聞（二〇〇八年八月三十日付）に次のような記事が出た。

軽自動車の新車販売台数で二年連続国内首位のダイハツだが、自動車の需要は頭打ちで、

「カーアイランド九州」と山口県の主な自動車関連工場

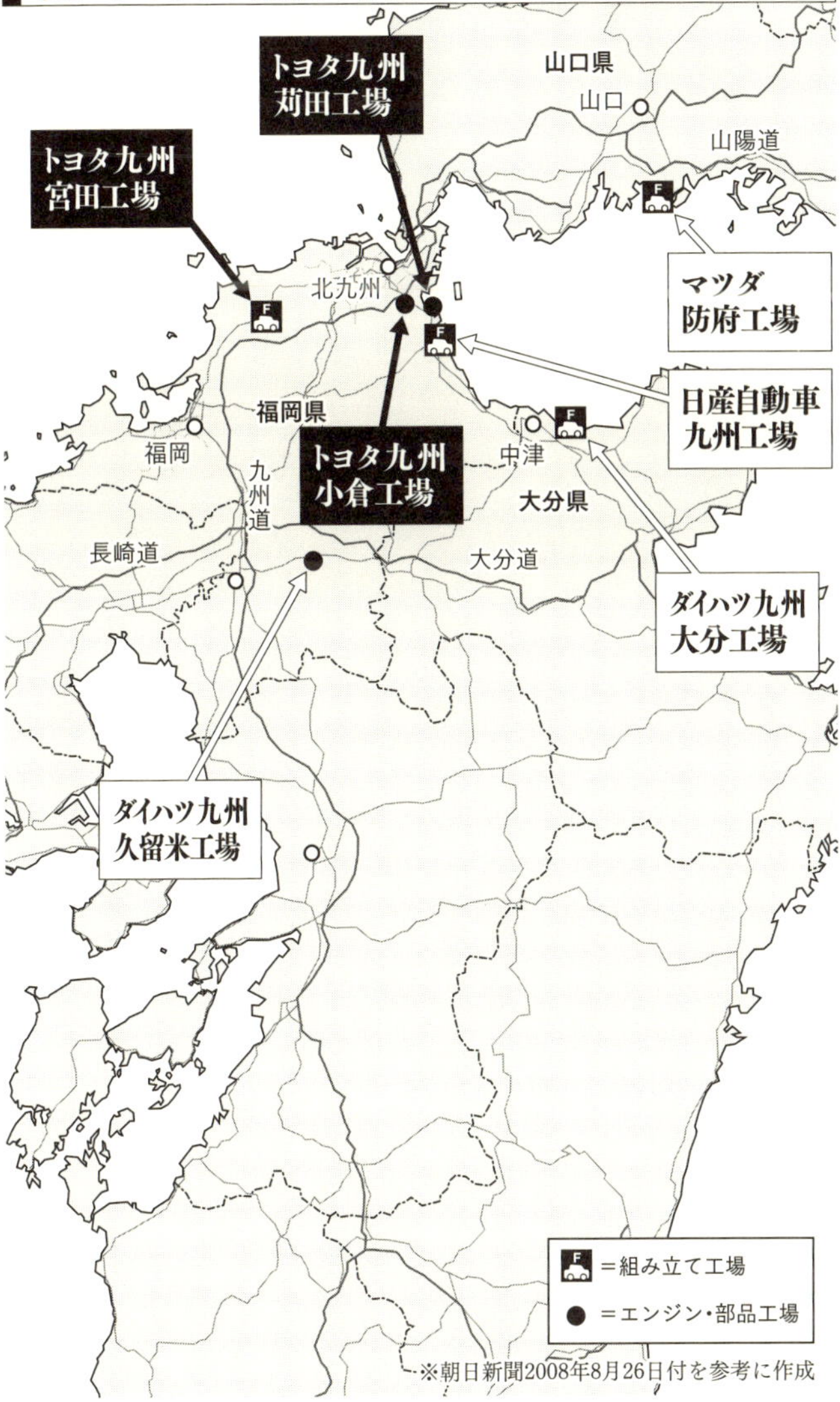

※朝日新聞2008年8月26日付を参考に作成

逆風の中での久留米工場新設という面も否めない。

北米向け大型・高級車が主力のトヨタ九州（福岡県宮若市）は減産し、大幅な人員削減に追い込まれた。対照的に低価格で燃費がよく、税の優遇もある軽だが、〇六年度に二〇三万台だった国内新車販売は〇七年度は一八九万台に縮小している。

軽自動車は、二〇〇六年度の二〇三万台から、〇七年度は一八九万台へと新車販売台数が減っている。〇七年度からアメリカのみならず、一部の地域を除き、全世界で大型車も軽自動車も販売台数が減っている。どうしてダイハツはこの時期にカーアイランド九州に工場を建てて、軽自動車を年間二一万六〇〇〇台も生産する必要があったのかと私は主張したい。

日本経済新聞（二〇〇八年八月三十日付）に、ダイハツ白水会長の次のようなインタビューが載っている。

白水「覚悟を決めなければならない需要が落ち込むなかで計画が無駄にならないよう、逆境下でも全社一丸となって台数を増やしていく」

まさに、これが「トヨタ方式」である。車が売れなくなったのにもかかわらず、大量生産方式をトヨタはとり続けてきた。〇八年八月の時点で、トヨタはアメリカのミシシッピ州で大型車の工場を建設中であった。そして中断するのである。「久留米工場の拡大計画は」と問われ、白水会長は次のように答えたのである。

白水　「大分工場で生産する車両に搭載するエンジンをここで作るだけでなく、アルミ鋳造工場としてトランスミッション（のケース）なども手掛けていく。アルミの鋳物をグループ会社に供給する拠点になる」

明確にしよう。

美しい日本の風景の中でも特に美しい耳納連山の麓《ふもと》の地下水は涸れていくのだ。この会談の場に出ていた箕浦輝幸《みのうらてるゆき》ダイハツ社長は「激しさを増す軽自動車の競争を勝ち抜くカギは何か」と記者から問われて次のように答えている。

箕浦　「軽自動車だけでなく小型車も競争は激しい。燃費規制などもクリアせねばならず、難しい局面にある。勝ち抜けるかはいかにいい商品を作るかにかかっている。他社がやっていないような知恵を出してコストを下げ、絶対優位に立つ」

原材料高をうけて、トヨタはプリウスを中心に一部の車種の値上げを表明し、日産もトヨタの方針に応じた。しかし、他社の追随の中で、ダイハツだけは否定した。ダイハツは「安い軽は、わずかな値上げにも消費者の抵抗感が強いからだ」との声明を出した。

トヨタ方式はダイハツの生産体制の中にはっきり見えてくる。値上げを〝封印〟し、低コストのクルマを造り、競争を勝ち抜こうとする戦略である。その競争相手は間違いなく「スズキ自動車」である。このことは後述する。

久留米の工場が完成し、その完成式が二〇〇八年八月二十九日にあった。その前日の八月二十八日、トヨタは世界販売計画（ダイハツ工業、日野自動車を含む）の見直しを発表した。当初計画は一〇四〇万台。見直しでは九七〇万台。トヨタ自動車九州では〇八年度の生産計画を四〇万台から三七万台に引き下げた。〇七年度の生産実績は約四四万三〇〇〇台であったから、約一六%の落ち込みとなった。

トヨタ九州の出荷先の六割超は北米である。SUV（スポーツ用多目的車）のハイランダーと高級車レクサスを生産している。

トヨタは二〇〇八年七月上旬、「北米市場は不振なものの、今年度の生産台数は四〇万台は確保できる」との見通しを発表していた。トヨタ九州は八月までに製造現場の派遣社員八〇〇人の契約を途中で解除した。また、八月上旬から十二月まで、生産ラインのスピードを三割落とすと発表した。さらには正社員の残業も減らすことになった。

九州の各自治体は自動車産業などの進出を当て込んで工業団地の造成を続けてきた。計画中のものだけでも総面積三〇〇ヘクタール超である。ここにトヨタ自動車九州の減産となった。特に久留米市はダイハツ九州のエンジン工場が稼動した後をうけて、部品工場、工作機械メーカーなどの誘致に乗り出している。カーアイランド九州に黄昏《たそがれ》の時が来たのだ。

日産は十一月十五日、さらなる減産を発表した。追加減産分は〇九年三月までに七万二〇〇〇台、日産九州工場（福岡県苅田《かんだ》町）では十二月以降、追加で稼働日を減らすほか、生産するスピードを落とすことにした。福岡工場では、北米向けのSUV「ムラーノ」、欧州で販売するSUV「エクストレイル」の生産を四万台減らすことになった。減産に伴って十二月末までに派遣社員を追加で五〇〇人削減した。

カーアイランド九州の中心地に位置するトヨタ自動車九州の〇九年三月期決算で、営業赤字が一〇〇億円規模となる見込みとなった。レクサスなどの高級車が売れなくなったからである。トヨタ九州はすでに派遣社員八〇〇人を契約途中で解除したほか、〇九年二月からの組み立てラインの一部での夜間操業をやめるとした。さらには人員も減らすこととした。朝日新聞（二〇〇八年十一月十二日付）には次のように書かれている。

減産に加え、設備投資の償却負担もかさみ、赤字が拡大しそうだ。トヨタ九州の営業赤字は生産開始から間もない九四年六月期（九五年から三月期に決算期変更）以来になる。〇七年度に初めて一兆円を突破した売上高も〇九年度三月期は三割前後減る見込みだ。

トヨタ九州は高級車レクサスや大型車を生産し、約九割を米などに輸出していることから、景気低迷の影響が大きいとみられる。

トヨタは二〇〇八年十一月二十六日、またもや二〇〇九年三月期の生産計画を前期比三三％減の二九万六〇〇〇台にまで引き下げた。十二月の生産台数は前年同月比で半減の二万台とした。トヨタ九州は二〇〇九年一月以降、ＳＵＶを生産する第一ラインを二交代制の「2直」から、交代なしの「1直」にして稼動時間を半減、余剰人員一四〇〇人の派遣社員のうち約八五〇人を削減する方針を明らかにした。

トヨタが「2直」から「1直」にしたライン変更が示すものは、人員の半分が間違いなく消えていくことを示している。トヨタ九州だけで莫大な赤字が、毎日毎日、溢れ出すことを示している。カーアイランド九州はもう二度と隆盛の時を迎えることはないであろう。工場群から人間が去っていくのである。

私はカーアイランド九州を書いた。しかし、全国すべての地方が「カーアイランド九州現象」に陥っているのである。

トヨタ傘下の日野自動車は二〇〇八年十二月から、小型トラックを生産する羽村《はむら》工場（東京都羽村市）の操業時間を半分強に短縮する。間違いなく、この工場からも半分近い余剰人員が溢れ出てくる。大中型車を生産する日野工場（東京都日野市）では十二月中に五日間の操業停止に入った。この工場からも余剰人員が整理され、巷《ちまた》に溢れ出していく。

日本自動車工業会は十一月二十八日、二〇〇八年十月の輸出実績を発表した。十月の自動車輸出実績は、前年同月比四・二％減の五七万五三九一台であった。乗用車、トラック、バス、すべてが減った。トヨタ、スズキ、ダイハツ、いすゞ自動車は二ケタ減となった。

一方、国内生産は六・八％減の一〇一万三〇六三万台であった。トヨタは国内でも一七・〇％の減となった。

二〇〇八年十月から十一月は、日本が「大恐慌入り」した月となった。この両月以降、日本に明るい兆《きざ》しは全く見えてこないのである。全国津々浦々から、失業者が溢れ出していった。

私の知人の一人に、トヨタの株式を持っている初老がいる。彼はトヨタについての知識、特に財務について詳しい。その彼が私に次のように語った。「どうも、トヨタ九州は近い将来に閉鎖されそうな気がするんだ。レクサスが売れなくなり赤字続きなんだ……」

私はこの本を書く前は「まさか！」と思っていた。しかし、この本を書きつつ、彼の説が真実に近いと思うようになった。トヨタの財務について考察してみよう。

減額・減益・減産、トヨタの大異変

「カーアイランド九州」について書いてきた。ここではトヨタ九州工場について財務の面から追求してみることにしよう。

トヨタ九州だけが生産しているのが、大型多目的スポーツ車（ＳＵＶ）「ハイランダー」である。二〇〇七年度は年間で一五万五〇〇〇台を生産した。トヨタ九州の全生産台数の三五％を占める。この車の八割以上が米国市場向きである。米国市場でＳＵＶが売れなくなったのは二〇〇八年に入ってからである。ＧＭ、フォード、クライスラーの主力車はこのＳＵＶである。

トヨタはアメリカのビッグ３の主力市場に乗り込んだ。二〇〇七年の八月に発表したハイランダーは発売当初、飛ぶように売れた。しかし、二〇〇八年一月からビッグ３のＳＵＶと同じように売れなくなった。在庫がじわじわと増えていった。六月ごろから急にガソリン価格が上がり、ＳＵＶ市場は大打撃を受けた。この六月から駐車場に在庫が積み上がっていった。八月からは大幅減産に入らざるを得なくなった。

トヨタ九州は、車の減産がはっきりしてきたのに、二〇〇八年一月に大型車用の三五〇〇ccエンジンを生産する苅田《かんだ》工場（福岡市苅田町）の完成を急いだ。四月には第二ラインが稼動しだした。そのために総額二八〇億円の巨費を投じた。年産能力を四四万台に倍増する生産体制に入ったのだ。しかし、大型車は六月から急に売れなくなった。〇八年度の生産数は二二万基以下となった。

この結果、どのようになるのか。エンジン工場の稼働率が低迷し、巨額の原価償却費がのしかかるのだ。

しかしトヨタはなおも猛進を続けている。十一月十三日には小倉工場（福岡県北九州市）も完成させた。この完成披露式に出席したトヨタ本社の渡辺捷昭社長は、二〇一〇年代半ばに、九州に車体開発拠点を整備する方針を改めて表明したのである。だがトヨタ九州は、渡辺社長が「九州はハイブリッド戦略の重要拠点だ」と強調してみせたが、九州にハイブリッド車の生産ラインが導入される具体的な予定はない。トヨタ九州は売れなくなった大型車のみを生産し続けるだけの、トヨタ自動車の単なる子会社となっている。トヨタ九州はハイランダーとレクサスRX（日本名「ハリアー」）を生産する以外にない。

私はトヨタ九州がいつの日か、消えていく運命にあるのかもしれないと思うようになった。これが単なる杞憂《きゆう》に終わることを祈るのみである。

『週刊東洋経済』（二〇〇八年十一月十五日号）の記事を紹介する。

「これは緊急事態だ。かつて経験したことのない厳しい状況」（木下光男トヨタ自動車副社長）。

一兆円の下方修正――。十一月六日、トヨタ大減額の一報が世界を駆けめぐった。修正後の〇九年三月期営業利益は六〇〇〇億円、前期の二・三兆円から七三％もの減益になる。販売台数は八二四万台へ前期比六七万台減。三工場を休止した北米は赤字に転落する。「北米市場は今年一三〇〇万台の半ばに落ちる。来年終わりごろにベクトルが上向くと期待したい」（同）と弱々しい。〔中略〕

急速な市場縮小を受け、各社は相次いで減産を発表。明らかになっているだけで日産の二〇万台を筆頭に、ホンダ五万台、スズキ四・五万台、マツダ七・三万台、三菱一〇万台……。国内雇用にも影響が出ている。

減産ラッシュで、自動車メーカーが抱える〝為替リスク〟の大きさも露呈した。中間期時点でトヨタ三〇〇〇億円、ホンダ一二八四億円、日産九八九億円の利益が吹っ飛んだ。

一九九〇年代の一ドル＝八〇円の超円高を経験した日本企業は、為替に強くなったはずではなかったか。

円高は進み続けている。止まるところを知らない。別の面からトヨタの苦悩を見てみよう。『経済界』（二〇〇八年九月二日号）から引用する。トヨタの減益発表が出る二カ月前の記事であることに注目して読んでほしい。タイトルは「北米販売の大誤算で、意外な弱さを露呈したトヨタの苦悩」である。

主たる原因は異常とも言えるガソリン価格の高騰で、ピックアップトラック「タンドラ」や、SUV「セコイア」など大型車の売れ行きが激減したこと。特にタンドラについては、北米市場を制するためにインディアナ州に専用ラインを設けるなど、ここ最近で最も力を入れてきた商品だった。〔中略〕
「今年後半からは消費が回復するのでは」（トヨタ幹部）
と、楽観的な見通しを立てていた。これが完全に裏目に出る格好となった。〔中略〕
慌てたトヨタは、急遽大型トラックやSUVを生産しているテキサス工場、インディアナ工場、さらにこれらのエンジン生産を手掛けるアラバマ工場の稼動時間短縮と稼動停止日を増やすことを決定。さらに、ミシシッピ州に建設中の新工場では、当初予定していたSUV「ハイランダー（日本名クルーガー）」の生産を取りやめ、ハイブリッド車「プリウス」を生産することに決めた。

プリウスについては、「カムリハイブリッド」に続いて、北米では二車種目のハイブリッド車の現地生産となる。だが、ミシシッピでの生産開始は二〇一〇年後半までずれ込む予定で、これですぐに当面のピンチを凌げるわけではない。

私はトヨタのアメリカの工場についてはたびたび書いてきた。「プリウス」でさえアメリカで売れなくなった、とも書いた。「今年後半からは消費が回復するのでは」というトヨタ幹部の発言に注目してほしい。私はトヨタを調査していて、この幹部の発言のように、トヨタの首脳陣のほとんどが二〇〇八年四~五月ごろまで、市場を楽観視していたと思っている。車が売れなくなって、ようやくトヨタは市場の厳しさに気づいたのである。驕《おご》れる者たちは栄光の日々が永遠に続くものと思っていたのだ。

リーマン・ブラザーズが倒産してまもなくの二〇〇八年十月、トヨタは東京・青山に「レクサス」の一六五番目の販売店舗「レクサス・インターナショナル・ギャラリー青山」をオープンした。トヨタ関係者は「今までレクサスのユーザー層は日本人が中心で、日本在住の外国人顧客への販売実績は物足りませんでした。青山近辺には外資系企業の従業員の方々などが多く居住しており、こうした顧客層を開拓していきたいと思います」と語っていた。

出店と同時に、リーマン・ショックがこのレクサスの店舗に襲いかかったのはなんとも皮肉としか言いようがない。
レクサスは九月の世界販売台数で前年比で三三・四％のマイナス。国内でも二三・六％のマイナスであった。トヨタ九州が八月からレクサスの減産に入ったのも当然であった。特にピックアップ「タンドラ」は在庫が急激な販売減で積み上がったため、トヨタは「タンドラ」を生産するテキサス工場の操業を八月から三カ月間停止した。

消えた手持ち資金二兆円、時価総額一七兆円

『日経ビジネス』（二〇〇八年十一月十日号）には次のように書かれている。

ピックアップ市場でつまずいたのはタイミングの悪さもある。ただ、景気のせいばかりとは言えない。〔中略〕
ピックアップの顧客層は、仕事で必要な人と単に好みで乗っている人に分かれる。「トヨタのタンドラがよく売れた地域の一つがカリフォルニア州。農家の人もいるが、資産価格上昇のメリットを受けた人が買った」と米国の自動車関係者は説明する。高額な装備をつけて荒稼ぎするビッグスリーの商売に追随しようとしたところに落とし穴があった。

この記事の中に、トヨタが高額なピックアップを大量に生産した理由が書かれている。ビッグ3は高額な車を増産し、荒稼ぎを続けていた。そこにトヨタが参入した。「資産価格上昇のメリットを受けた人」とは、住宅価格が上昇したために、上昇分でカーローンを組んだ人を指す。彼らは住宅ローン会社と車のディーラーの甘言に乗った人々である。

この『日経ビジネス』の記事には続きがある。

実はピックアップ生産を前提としたテキサス、ミシシッピ工場建設には当初、トヨタ社内でも慎重論が出ていた。

「奥田（碩・取締役相談役）さんは『そんなに工場ばかり作ってどうするんだ』と怒っていたし、豊田章一郎（取締役名誉会長）さんも『大丈夫か』と言っていた。でも、米国法人からの強い要望が通った」。当時の経緯を知るトヨタグループ幹部はこう振り返る。

奥田取締役、豊田名誉会長の弁も一種の言い逃れであろう。反対するのなら毅然とした否定の態度をとればよかったのである。前述したが、次期社長が確定的な豊田章男副社長が外国市場の最高責任者である。彼が拡大路線を突っ走ったのであろう。

二〇〇八年十月二日、トヨタは北米での新車販売の総崩れに歯止めをかけるべく、主力の「カムリ」や「カローラ」を含む一一車種について〝金利なし〟でローン販売する「セーブ・バイ・ゼロ」キャンペーンに乗り出した。トヨタは自社の信用格付けが自動車金融業界では唯一のGEキャピタルと並び、「トリプルA」格であることを強調した。

トヨタは「販売金融事業を強化する覚悟を示した」のである。しかし、トヨタはリスクを背負うことになった。不況が長期化しているときだけに、将来の貸し倒れ債権の増加につながりかねない。トヨタの米国市場での十月の売上げ前年比は二三％の大幅な落ち込みとなった。

『日経ヴェリタス』（二〇〇八年十一月九日発売号）から引用する。トヨタの異変が書かれている。

二〇〇九年三月期の予想連結営業利益（米国会計基準）を一兆円下方修正したトヨタ自動車。決算発表翌日の七日、同社株には売り注文が殺到し一時前日比五〇〇円安のストップ安となった。終値は三五〇円安の三四六〇円。「トヨタショック」はグループ全体に及び、デンソーやアイシン精機も急落した。

「トヨタはいち早く市場に警鐘を鳴らしたのではないか」。三菱UFJ証券の瀬戸則弘投資情報部長は、歴史的な下方修正を同社の危機感の表れと受け止める。

危機感は業績予想に色濃く映される。通期予想から上期実績を差し引いて算出した下期の予想営業利益は前半同期比九八％減の一八〇億円。単独では一一二五億円の営業赤字を見込む。半期ベースの営業赤字は旧トヨタ自動車工業と旧トヨタ自動車販売が合併した一九八二年以降初めてだ。

今下期の想定為替レートは一ドル＝一〇〇円、一ユーロ＝一三〇円。足元では一段の円高が進んでおり、決して余裕のある水準ではない。

これは、十一月六日現在でのトヨタの二〇〇九年三月期の予想連結営業利益に関する『日経ヴェリタス』の記事である。トヨタは十二月二十二日に再度、予想連結営業利益を発表した。このことは、この本の最初に書いた。

この十一月六日の発表のときに「トヨタショック」という言葉が初めて使われた。この「トヨタショック」について、ユニークな論説があるので紹介したい。一度紹介した野口悠紀雄の寄稿である。『週刊ダイヤモンド』（二〇〇八年十二月六日号）から引用する。少々長い引用となるが、とにかく面白い。

トヨタ自動車が十一月六日に公表した決算予測によると、同社の二〇〇九年三月期の営業利益は、六〇〇〇億円となる。〇八年三月期の利益二兆二七〇四億円に比べると、一兆六七〇三億円の減（七三・六％の減）だ。

これは、信じられないような大きな額である。実際、これは、政府が経済対策の目玉としている定額給付金二兆円の八四％に当たる。つまり、トヨタ一社の利益減だけで、定額給付金の八四％が消えてしまうわけだ。トヨタ以外の自動車会社も大幅な減益を予想しているので、それらだけで二兆円の定額給付金は吹き飛んでしまうことになる。

ここまでは、平均的というべきか、普通の前書きである。野口教授は非凡な発想をする科学者と私はみた。続きを書く。

このようにあまりに大きな数字なので、実感がつかめない。そこで、次のような計算をしてみると、これから日本経済を襲う大不況の目安がつかめる。

トヨタの従業員数は、連結ベースで三一・六万人である。一・七兆円を三一・六万人で割ると、五二九万円になる。これは同社の平均給与八二九万円の六四％に当たる。つまり、仮に従業員の給与削減によって利益減を回避しようとすれば、一人当たりの給与をほぼ三分の一にまで減額する必要があるのだ（実際にはそのようなことは行なわれず、営業利益は減額するだろう。その負担の大部分は、同社の株主が負うことになる）。

〇六年度における国民所得（要素費用表示）は三七三兆円なので、トヨタの営業利益減額だけで、この〇・四五％になる。国民経済計算での法人所得（営業余剰）と企業会計の営業利益は正確に言えば同じものではないとはいえ、トヨタだけでこれだけの影響が生じるというのは、信じられないようなことだ。

野口教授の計算方法で十二月二十二日にトヨタが発表した二〇〇九年三月期の営業利益予測、一五〇〇億円の赤字を計算式に入れて、計算したい方はしてみるといい。私はこんな計算などしてみたくもない。私がトヨタの社長なら、三一・六万人の従業員を使って一五〇〇億円の赤字を出すくらいなら、会社を倒産させたほうがまし、と思うであろう。この十一月六日の予測決算を発表した木下光男副社長は「来年終わりころには少し上を向く」と語った。上を向いて歩こうとしても、そこに青空はないのだ。来年も再来年も、どしゃ降りの雨の中だ。

トヨタはいつの日か決断の時を迎えるであろう。リストラをしないと固定費が高止まりして、赤字が一日、そして一日、増大を続けることを知って、やがて従業員を、人間としてでなく、モノと考えるであろう。モノ人間化した従業員は排除の対象と化すであろう。

もう少し野口教授のご高説を拝聴してみよう。

したがって、これまで起こったことを、次のように理解することができる。日本の自動車産業は、円安に乗ってアメリカでの自動車販売を増加させ、そこで得たドルをアメリカに投資し、(結果的には)住宅ローンを支援し、住宅価格バブルの増殖に手を貸した。それがさらに自動車の販売を増加させた。その意味では、トヨタのここ数年の業績の著しい伸びは、世界的なバブルの一側面だったということになる。

ところが、住宅価格が下落を始めると、この条件が一変する。自動車ローン審査が厳しくなって、自動車ローンの信用収縮が生じる。そして、これまで自動車を購入できた人が買えなくなる(これまでの対象者の四〇%がローンの対象外となると言われる)。したがって、アメリカでの自動車購入が急激に落ちる。自動車販売額の急減は、こうしたメカニズムで生じた。

こう考えると、日本の自動車産業の利益減は、これまで歪んでいたマクロ経済の構造が正常なものに戻ってゆく帰結として、必然的に生じるものだと考えることができる。

天気予報では、〝雨のち晴れ〟となる。しかし、日本の空は、自動車豪雨が降り続けて、これから数年は晴れることはない。和田アキ子の「どしゃぶりの雨の中を……」という歌の世界が連想される。ああ、思うだに空おそろしや……クワバラクワバラの日本なのだ。

『日経ヴェリタス』（二〇〇八年十一月三十日発売号）によると、「手元資金が豊富な銘柄」が出ている。勿論、日本企業の中でのダントツはトヨタである。手本資金＝二兆五八四五億、十一月二十八日現在株価＝三〇〇〇円、二〇〇七年比株価騰落率％＝マイナス五〇％……。

トヨタは二〇〇八年の期初から十カ月で、手元資金を約二兆円失ったのである。また株価は半減し、一七・一六兆円が消えた。そして時価総額は一一・一兆円となった（時価総額と株価は二〇〇七年七月九日と〇八年十月十日の比較）。

トヨタは十二月二十二日に赤字決算予測を出した。二〇〇八年十二月、二〇〇九年一月〜三月の四カ月間に、さらに赤字は増大するであろう。私の予測が正しいとするならば、おそらく、手元資金は限りなくゼロに近づくであろう。その時は、トヨタがGM化する時である。そして、トヨタは間違いなく、一つの決断を迫られよう。それは何か？　人間がモノになる時である。大失業時代の到来の時である。

モノに頼って、マネーに頼って、それを現世的理想の目標として掲げた人々よ、あなた方の理想はすべて、打ち砕かれようとしている。

何を、どうすべきか？　あなた方は孤独の中で独りで考え、答えを出して、生き続けねばならない。二十一世紀とは、そういう時代なのだ。

〔第三章〕

トヨタショックが日本が覆い尽くす

車は一年一年売れなくなっていく

迷信にすがろうとする人々がいる。車は売れないけれども、やがてまた売れ出すと信じる人々がいる。二〇〇八年は不景気だったが、二〇〇九年の後半からは景気が上向くという経済評論家たちが腐るほどいる。特に、銀行や投資会社のエコノミストと名乗る人々は、銀行や投資会社の意向を受けて、調子のいいことばかりを雑誌や新聞に書きつらねている。

米国の自動車市場は年間一六〇〇万〜一七〇〇万台の販売水準を維持してきたが、二〇〇八年十一月の実績で年率換算すると、年間一〇一八万台まで落ち込むことになる。極端な推定で申し訳ないが、私はアメリカの自動車市場は二〇〇九年度は八〇〇万〜九〇〇万台であろうと思っている。しかし、ひょっとすると八〇〇万台を切るかもしれないのだ。その理由をこれから書くことにする。

日本経済新聞（二〇〇八年十一月二十六日付）から引用する。タイトルは「北米車在庫一〇〇日分を超す」である。

日米六社、二〇〇〇年以降で最悪　適正水準の倍近く自動車の販売不振が深刻化するなか、最大市場である北米での在庫が二〇〇〇年以降で最高水準となっている。日米大手メーカー六社平均の十月末の北米在庫日数は、前年同月に比べ四五％増の一〇三日分。適正水準（五〇－六〇日）の倍近くに膨らんだ。各社は在庫圧縮に向け値引き販売や減産に着手しており、これらが足元の収益を一段と圧迫する可能性もある。

在庫日数とは、月末の在庫台数をその月の一日当たりの平均販売台数で割った値で、販売が滞るほど日数が大きくなる。資金回収までの期間が長いことを示す。車が売れなくなったので、この在庫日数はこれからも増加する。過去にこのように在庫日数が増したことはなかった。いくら減産しても限界がある。ビッグ3だけではない。日本でも、トヨタ、ホンダ、日産も在庫が一日一日と膨らんでいる。日本三社の十月末の在庫は平均八六日。前年同月比で五六％増。日本のビッグ3に、アメリカに向けて新車を送れなくなる日が間もなくやってくる。

北米車在庫にはまだ隠されている秘密がある。リース市場の在庫である。ローンを組んで自動車を販売する「オートデータ」社が在庫日数を発表しているだけで、リース市場に車がどれだけ流れているかの正式な数字は公表されていない。準新車がリース会社に溢れている。リース期間が過ぎた車は準新車と中古車とに区別される。準新車は通常は新車より低い値段で販売会社が販売を代行する。この準新車は今や〝たたき売り〟の状況である。新車と準新車を合わせると、半年分の在庫があるといえる。米三社の在庫平均は一一五日。しかし、ここで注目しなければいけないのは、日本の大手三社の増加率は前年比三六・七〇％と、米国勢（三五・五九％）を上回っていることである。

アメリカ市場が不振をきわめているのに、日本の三社は輸出攻勢をかけ続けた。そしてついに九月から十月に至り、輸出することすらできなくなった。ホンダの人気車「シビック」でさえ、アメリカでの在庫が六八日と、前年比二割以上の在庫増となった。トヨタの「カローラ」、「ヤリス（日本ではヴィッツ）」も在庫が増えた。トヨタ九州が減産に入ったのは当然であった。

私はテレビでトヨタ九州の工場が映し出されているのを見た。正確な日付は忘れたが、十一月の末ごろであったと思う。完成車が駐車場にびっしりと映し出されていた。出来た新車は次から次へとアメリカに向けて送り出されるはずである。トヨタ九州のレクサスも製造ラインが一つ減り、交代勤務を無くし、ついには人員整理が始まったのである。在庫膨張は、工場の稼働率を低下させる。そして何よりも販売費増を招く。

トヨタはこの販売減の事態を重く受けとめて「緊急収益改善委員会」を発足させた。トヨタの広報は「業績予想の前提となる市場見通しが当初とまるで変わったので、新規の設備投資の時期と金額の見直しを中心に話し合う」と述べている。トヨタは、新規の設備投資を中止か中断すべく、動き出したのである。また、この広報から推察しても、トヨタはアメリカと日本の製造工場の見直しを本格的に開始したともいえる。

また、トヨタは小型車に特化したコスト削減のプロジェクトチームを新たに発足させた。「大きさ、重量、部品点数など、小型車のあるべき姿を徹底的に追求する」と渡辺社長は語っている。トヨタは「カイゼン」という言葉を使い、コストカットを続けてきた。トヨタの原価低減規模は年間三〇〇〇億円程度であった。

トヨタは二〇〇八年十一月に「iQ」なる新車を発表した。全長三メートル以下で、軽自動車よりコンパクトなサイズでありながら大人が三人も乗れる。排気量は一〇〇〇cc程度。燃費は「プリウス」を凌ぐという。「新しい市場を切り開く」と渡辺社長は意気込むが、価格は一四〇万円とかなり高い。国内の販売目標は月間二五〇〇台と控えめである。この「iQ」がトヨタの稼ぎにどれだけ貢献できるのかと思わずにはいられない。

トヨタは新興国市場に向けて、小型車戦略を立てている。インドでは二〇一〇年に年産一〇万台、ブラジルでは同じく一五万台を生産する新工場を建設予定である。「小型車ユーザーを取り込むことで、将来的にカローラクラスへ移行する顧客を獲得したい」と渡辺社長は意欲を示している。このような発想はかつては日本人のライフスタイルに訴えて成功したが、インドやブラジルの人々に通用するのであろうか。

トヨタの代表車種「プリウス」は愛知県豊田市にある堤工場のほか、二〇〇五年から中国の合弁工場でも生産している。このハイブリッド車は収益面では期待ができない。それは、電池やモーターなど、ハイブリッド車に必要な各部品がまだ海外では調達できていないからだ。日本から運ぶしかないので輸送コストがかかるのである。

たしかにプリウスは北米で売れていた。しかし、電池の供給が追いつかず販売機会を逸してしまった。基幹部品であるニッケル水素電池に技術的な問題があり、量産がきかなかったのが響いたのだ。しかし、プリウスが多少売れてもトヨタの実績にはあまり影響しない。トヨタは大型車で利益のほとんどを上げていたからである。トヨタはパナソニックEVとリチウムイオン電池の生産をすべく協力し合っている。他の自動車メーカーもリチウムイオン電池の生産に入った。この分野でも大きな利益は生まれないであろう。

落城前夜、ビッグ3の愁嘆場

『週刊ダイヤモンド』(二〇〇八年十一月二十二日号)から引用する。タイトルは「トヨタ一兆円減益が示す米国発〝悪夢〟のシナリオ」である。

震源地・米国の惨状は日ごとに深刻さを増している。なかでも好況時には合計でトヨタの北米販売総数の二五％を占めていたといわれるカリフォルニア州とフロリダ州の落ち込みは激しい。特にカリフォルニアは市場全体で五割減と壊滅的状況だ。

ロサンゼルス郊外の中堅ディーラーの社長は最近、「一四二人いた従業員のうち五〇人をレイオフした」と語る。「タンドラ」のような大型車だけでなく、「カローラ」や「ヤリス」（日本ではヴィッツ）といった小型車、そしてエコカーブームを演出してきた「プリウス」の販売までもが減少しているという。「四〇年以上この世界にいて初めて、廃業を考えるほどまでに追い詰められている」と嘆きは深い。

カリフォルニアとフロリダはアメリカでも特に住宅価格の下落率が大きい。多くの人々がローンを払えなくなり、テント・シティの中で暮らしている。テント・シティとは、家を追われた人々が空地にテントを張って生活している場を指す。車を買うどころではないのである。

もう一度、『週刊ダイヤモンド』の記事を引用する。

トヨタの金融事業の上半期の営業利益は貸倒引当金のほか、中古車市場価格の下落に伴うリース残価損引当金も加わり、金利スワップ取引の評価益を除外すれば、前年同期の約半分の水準（四四九億円）にまで落ち込んでいる。

さらに、米国の一部ディーラーから気になる話も聞いた。通常、トヨタは、FICOスコア（消費者の信用力を示す指標）で六〇〇点以上の信用力の高い〝プライム層〟を相手にしている。だが、ここ数カ月、あるディーラーは「五〇〇点台のサブプライム層とのローン契約が増えた」というのだ。貸し倒れリスクより実売の減速リスクが怖いということかもしれないが、バランス感覚を失えば、金融資産の劣化は一気に進む恐れもある。

トヨタがアメリカ市場でなんとか新車を売ろうとしている姿がみえてくる。しかし、車は売れていない。処置無しというところだ。

『日経ビジネス』（二〇〇八年十一月十日号）に、「奈落の自動車市場――米ビッグスリー落城前夜」という記事が出た。細田孝宏と江村英哲の現地ルポがアメリカの自動車市場の〝落城前夜〟を切々と伝えている。以下引用する。

〔フォード販売店の〕スミス氏によれば、この地で自動車ディーラーが注力しているのは中古車販売だという。このところ中古車に「掘り出し物」が増えているからだ。ローンの支払いができなくなったクルマを金融機関が差し押さえ、オークションに大量に流している。これをディーラーが手に入れて店頭に品揃えしているのだ。〔中略〕店頭には、フォードの大型ピックアップトラックの中古車が一〇〇mほどの列をなす。「新車販売で広告を打つよりも、中古車の広告を掲載した方が店頭に客が集まる」。こう語るスミス氏だが、その表情はあまり冴えない。中古車に力を入れるほど、新車はさらに値引きしなければ売れなくなるからだ。

新車に準ずる準新車がリース会社に大量にあると、私は書いた。リース契約で新車を手に入れ、三カ月、六カ月、一年……と新車に乗った人は契約が切れると、たいがいはその車を購入すべくローンを組んでいた。しかし、買い取りローンを組めなくなった人々は、車をリース会社に返すようになった。日本人が考えるほどに中古車の品質は落ちていない。この中古車が新車以上にアメリカに溢れているのだ。ローンを組めなくなった人々、ローンを組んでムダな金を使いたくない人々が、この中古車市場に殺到している。新車が売れなくなったのは、アメリカ市場に、新車も準新車も溢れているからに他ならない。大型車も小型車も、売れなくなったのは当然の帰結である。トヨタがいかなる対策を立てようとも、アメリカの市場で車を売る術《すべ》はないのである。

私はアメリカについて書いた。後述するが、世界中の車市場は「アメリカ化」しているのだ。

どこに処女地があるというのか。中国だって、買うべき人々はすでに車を手に入れたのだ。インドやブラジルの市場も、トヨタが考えるほど甘くはないのである。

トヨタとホンダの業績差はこうして生じた

『週刊ダイヤモンド』(二〇〇八年十一月二十二日号)から引用する。ホンダ社長・福井威夫《ふくいたけお》がインタビューに応じて次のように語っている。

「自動車業界は米国の金融危機に加え、原材料の高騰と急激な円高が直撃し、逆風が強まっている。特に北米市場は不調だ。昨年は年間一六〇〇万台以上の販売台数があったが、一二〇〇万台レベルにまで落ち込むかもしれない。

ただ、来年までは厳しいものの、二〇一〇年以降ならば、回復するポテンシャルはある。そのよりどころは、一九九〇年の湾岸戦争直後の分析だ。当時、米国の販売台数は激減し、年間一三〇〇万台を切った。だが、当時よりも米国の人口は増加している。現在の人口で見直せば、当時の販売台数は、現在の一三五〇万レベルに相当する。今回の不況は湾岸戦争直後を上回るほど厳しいとの見方もあるが、そうだとしても、そろそろ底に達しつつあ

るとも思える。〔中略〕

とにかく、現在のような状況下では、在庫を極力持たないこと。売れないクルマは作らないことだ。米国では、中古車価格の下落に結び付くような販売奨励金の大盤振る舞いもしない。それくらいなら減産する。

ホンダは、北米で最も不振な大型ピックアップトラックを出さなかったことが幸いした。今後も燃費のよいクルマが有望だ。来年はハイブリッド専用車、インサイトも市場投入する予定であり、ホンダの救世主になることを期待している。今は悲観的なシナリオを常に念頭に置き、景気が上向いたら、いつでも駆け出せる準備をしておく」

ホンダ福井社長が、一九九〇年の湾岸戦争直後の不況期と、現在の恐慌を比較するのは理にかなっていない。ここでは、この点には触れない。もう一つ、人口の増加をあげるが、二〇〇〇年以降、ブッシュ政権が外国人の入国を大目に見たがゆえに、米国の人口は増えたのだ。下層階級が増え、彼らがサブプライムローンで家を購入し、住宅価格の高騰ゆえに、新車を買うこともできた。このことはすでに書いた。「そろそろ底に達しつつあるとも思える」という認識は、車を売らんかなの底意があからさまで見苦しい。

「そろそろ奈落の底に落ちていくのが見えた」というのが真実である。そう、奈落の底がこれから姿を見せる。そして、その底で数年間、世界の人々は苦しむのである。新車どころの話ではないのだ。

　それでもホンダ福井社長は、トヨタの首脳陣とは一線を画している。「米国では、中古車価格の下落に結びつくような販売奨励金の大盤振る舞いもしない。それくらいなら減産する」という発言に、トヨタへの対抗意識が読み取れる。

『日経ヴェリタス』（二〇〇八年十一月十六日発売号）に、トヨタとホンダの戦略の差がはっきりと書かれている。記事のタイトルは「ホンダ、貫いた小型車戦略奏功」である。

　ホンダの二〇〇九年三月期の予想純利益は前期比一九％減の四八五〇億円と、従来予想から五〇〇億円の下方修正にとどまった。トヨタ自動車が七〇〇〇億円（今期の予想純利益は六八％減の五五〇〇億円）、日産自動車が一八〇〇億円（同六七％減の一六〇〇億円）、それぞれ下方修正したのに比べ、ホンダの底堅さが際立つ。

　今期の想定為替レートはホンダが一ドル＝一〇三円、一ユーロ＝一四五円に対し、トヨタは各一〇三円、一四六円。北米市場全体の新車販売台数の〇八年予想は両社とも一三五〇万～一三六〇万台で変わらない。前提条件がほぼ同じにもかかわらず、ホンダの業績が相対的にいいのはなぜか。

私は、トヨタとホンダの違いは「なぜか?」という疑問符への答は「認識」の点にあるとする。認識とは、正解に近い未来の姿を想像するということである。ホンダ福井社長の「そろそろ底に達しつつある」という点は、たしかに甘い認識ではある。しかし、「中古車価格の下落に結び付くような販売奨励金の大盤振る舞いもしない。それくらいなら減産する」という認識は、近未来の姿を見事に把握した立派なものである。しかも、減産に対しての「今は悲観的なシナリオを念頭に置き、景気が上向いたら、いつでも駆け出せる準備をしておく」という体制づくりも、ほぼ完璧といえる認識である。

ホンダは米国のみならず、日本、欧州の各工場で、十一月に入るや三月末までの当初計画よりも計一四万一〇〇〇台を減産すると発表した（朝日新聞二〇〇八年十一月二十二日付)。ホンダは大型車のみならず、中小型車も減らす準備に入った。トヨタは全車種の減産には踏み切っていない。

ホンダは二〇〇八年一月~十月まで、主力車シビックやフィットなどの小型車は全車種比率が三〇%と、前年同期を五ポイント上回っていた。この主力の小型車は一月~十月比で約三七万四〇〇〇台も売れ、前年比で一五%増えていた。

しかし、ホンダはその小型車でさえも、十一月以降は売上げが落ちるだろうとの予想を立てた。そして増産体制を捨て、減産に踏み切るのである。それは、九月に、ホンダの米新車販売が前年比二四％減となったことからの厳しい認識のもとになされた決断であった。

「悲観的なシナリオ」に徹するホンダの経営

「現在のような状況下では、在庫を極力持たないこと」と福井社長が語っているが、それは数字となって表れている。

在庫回転日数（二〇〇八年十月末現在）
- ●トヨタ＝七八日（前年同月末は四六日）
- ●ホンダ＝九一日（同五八日）
- ●日産＝九八日（同四六日）

しかし、これには考慮すべき点がある。ホンダの主力製品のフィットは、二〇日（前年同月末四七日）である。主力製品の在庫減らしからホンダは減産を開始したのである。主力車をまず減産してから、ホンダは大型車の減産に入った。朝日新聞（二〇〇八年十一月二十二日付）から引用する。

ホンダはこれまで欧米で七万台を減産するとしていたが、十二月以降に七万一〇〇〇台を追加減産する。

世界最大市場を抱える北米では、公表済みの三万八〇〇〇台の減産に加え、アラバマ工場でSUV（スポーツ用多目的車）などの大型車を計一万二〇〇〇万台減産。さらにオハイオ工場で中型車アコード、小型車シビックを含む計六〇〇〇台を減産する。十月の米国の新車販売は二五年ぶりの低水準となり、ホンダの販売も前年同月比二八％減と低迷。一時は米国で生産が追いつかない状態だったシビックの販売も、十月は同二五％減った。

ホンダの北米販売計画は、トヨタ、日産よりもはるかに正確である。〇九年度三月期の直近計画でも、前月比六％減の一七三万五〇〇〇台（トヨタは前月比一八％減の二四二万台、期初計画比二一万台減）。

私は、直近（三カ月前）の販売計画を立てる段階においても、トヨタの予測がホンダを下回るのを見て、トヨタ首脳が世界恐慌の津波を正確に判断し得ていないと思うようになった。

また、ホンダは二輪車事業を持っている。福井社長は前掲の『週刊ダイヤモンド』のインタビューの中で次のようにも語っている。

そもそもホンダは、新興国市場に強い二輪車事業を抱え、四輪車事業を完全補完するほどではないものの、自動車産業が不振の際には、下支えするという事業構造上の強みがある。タイでは他社のピックアップトラックからホンダの二輪車に乗り換えるという現象も見られる。

この発言の中の「タイでは……二輪車に乗り換える」とあるのはトヨタへの対抗意識であろう。ホンダは、GM、フォードがピックアップトラックで大儲けし、トヨタがこの市場に加わって一時的には大成功しているのを横目で見ながら、じっと我慢してきたのである。

たしかにホンダの二輪車販売は好調である。二〇〇八年、ホンダの二輪車販売（一〜十月）は一七%増の一〇六〇万台と、期初計画から三九万五〇〇〇台、上方修正した。特に福井社長が語っているように東南アジアで売れ続けている。とりわけインドネシア、インド、中国が好調だ。これは、アジアの農業従事者の二輪車利用が多く、景気変動の波の影響を受けていないからである。

ホンダは主力車シビックの売上げが北米市場で落ち続けた。トヨタのゼロ金利ローンに追従せずに、ホンダはシビックの低金利ローンを十月末に開始した。

ホンダは、ガソリン高騰（二〇〇五年ごろから）を予測し、燃費にこだわり続け、小型車戦略を一貫して追求してきた。そして、この恐慌の中で損傷を少なくし、時機が来るのを待っている。福井社長は「今は悲観的なシナリオを念頭に置き、景気が上向いたら、いつでも駆け出せる準備をしておく」と語っている。私はホンダの「悲観的なシナリオを念頭に置き」という認識に敬意を表したい。悲観してはいけない。悲観する前に、悲観的なシナリオを創作し、そこから将来の行動計画を立てるべきであろう。この世は、何が起きるか分からない。しかし、近未来の予測は立てられる。

朝日新聞（二〇〇八年十一月二十二日付）の記事を続けて引用する。

これまで海外に限られていたホンダの減産の動きは、国内にも波及。十二月から埼玉製作所（狭山市）で三万二〇〇〇台を減産し、期間従業員を十二月末までに二七〇人削減する。減産の対象は欧州向けのアコードや国内向けのミニバンなど。また、三万二〇〇〇台の減産を公表していた英国工場では、来年二、三月に工場の稼動を休止し、二万一〇〇〇台を追加で減産する。

ホンダの〇七年度の世界生産実績は三九五万台。一一年続けて過去最高を更新している。

次頁の「国内主要自動車メーカーの減産状況」の表を見ていただきたい。トヨタが国内外で総計九五万台である。年初一〇〇〇万台突破を目標としたが、大きく落ち込んでいく。十一月と十二月は壊滅的な減産を余儀なくされた。別の面からトヨタの惨状を見ることにしよう。

私はトヨタを貶《おとし》めようとしてこの本を書いているのではない。私はトヨタの〝悪口〟を書いてはいない。トヨタの再生を願ってこの本を書いている。トヨタの再生なくして日本の再生はないと思うからである。トヨタは偉大なる企業である。トヨタは日本に大きな富をもたらしてくれた。それゆえにこそ、「リカバリー・トヨタ」の叫び声を上げて、私は書いている。

難局に立ち向かうスズキの危機意識

『週刊東洋経済』（二〇〇八年十二月二十日号）から引用する。タイトルは「〝新興国の王者〟スズキに山積みの地政学リスク」である。

「どうもおかしい」。二〇〇八年九月、鈴木修スズキ会長の〝勘ピューター〟が動いた。「科学的根拠はない。僕の経営はカンから。でも、資料や人の話でどうも米国がおかしいから、在庫を減らそうと」

スズキの〝玄関〟である静岡県御前崎港からの四輪車輸出は、十月で一・三万台と前年同月に比べ一割減少。同様に、昨年は一〇万台輸出する月もあった清水港からの二輪車の十月輸出は五・四万台と二五％減。一～十月平均でも一五％減で推移している。

バランスシートもスズキの素早さを語る。〇八年三月末との比較でみれば、在庫を減らしているのは大手ではスズキ一社のみだ。

「もっと減らせと言っている。造るのはいつでも造れる。米国西海岸でも一五～一六日で（製品は）届く。海を越えていくなんて大げさに考えて（在庫を厚く持って）いた経営が間違っていたということですよ」

（同）

国内主要自動車メーカーの減産状況

	減産台数	人員削減
トヨタ	世界で95万台	国内期間従業員約2000人
ホンダ	日米欧14万1千台	国内で期間従業員270人
日産	日米欧20万台以上	国内の派遣従業員1500人 欧米の正規社員2500人
スズキ	国内外24.6万台	国内の派遣従業員600人
マツダ	国内外4.8万台	国内の派遣従業員1300人
三菱	国内外約８万台	現時点ではなし
いすゞ	国内２.8万台を検討中	国内の期間従業員ら1400人すべて
日野	国内７.13万台	国内の期間従業員約500人

※朝日新聞2008年11月22日付を参考に作成

ここ数年、鈴木会長は事あるごとに「急成長のリスク」を口にするようになった。

「売り上げ一兆円になるのに十二年、二兆円に十二年かかったが、この五年間は二五〇〇億円ずつ伸び、三兆五〇〇〇億円になった。社員は『この程度の仕事でも会社は伸びる』と思っている。今は経営を見直すチャンス」（同）

『週刊文春』（二〇〇八年十二月二十五日号）には次のように書かれている。「鈴木修が訴える業界の苦境『車はなぜ売れなくなったのか』」

「日米の自動車市場は十年前の水準に戻るだろう」

会長と社長を兼務すると発表したスズキの鈴木修社長（七八）はこう語る。

トップに就いて三〇年。売上高を一〇倍に伸ばし、グローバル企業に育てた鈴木社長は、米〝ビッグ3〟の一角、ゼネラル・モーターズ（GM）との二七年間に及ぶ提携関係の立役者でもある。

「世界のトヨタ」までもが下期の営業赤字一〇〇〇億円の見通し。この苦境を名物経営者はどう見るのか――。

会長だった鈴木が社長に復帰したのは、津田紘前社長が健康上の理由で降板したためである。

「……十月に入ると『より深刻だ』、十一月にはとうとう『ギブアップ』だとなり、二四万台の減産と派遣社員の整理を余儀なくされました。八月の時点でそこまでは考えていませんでした」と鈴木は吐露《とろ》している。スズキとGMの関係は深い。鈴木社長は次のように語る。

世界一の巨大自動車メーカーがなぜこれほどの危機に陥ったのか。それは大きい車ばかり作っていたからです。一般常識論ですよ（笑）。

米国の自動車業界は「大きな車へ、大きな車へ」と行き過ぎました。車を大きくすれば、浪費やコストアップに繋がり、環境にも悪影響を及ぼす。それで消費者は離れてしまった。

これからは、燃費のいい車が主流になることははっきりしています。今はハイブリッドにせよ、電気自動車にせよ、まったくガソリンを使わないわけにはいかない段階です。でも今後は、ガソリンを使わない〝脱ガソリン〟の動きへと向かう。環境技術がないのは、自動車メーカーにとって〝致命傷〟です。

鈴木社長は「麻生太郎首相は景気の回復まで『全治三年』と言っているけれど、僕は『そんなに甘くない、五年はかかる』と思っています」と語っている。「日米の自動車市場は一〇年前の水準に戻るだろう」との発言とともに「悲観的なシナリオ」の持ち主である。

私は五年経って、やっと日米の自動車市場は今から一〇年前の水準まで戻ると思っている。そして、二〇〇七年～〇八年にかけてのように大量に車が売れる時代は、おそらく再び訪れることはないと思っている。テレビや冷蔵庫やクーラーと同じように、車は純粋に生活に役に立つための存在となり、ごく一部の大富豪かマニアが特殊な車を要求するだけになる、そう思っている。鈴木社長が「米国の自動車業界は『大きな車へ、大きな車へ』と行き過ぎました」と語るのは正しい見解である。私は「小さな車へ、小さな車へと進んでいく」と思っている。

鈴木社長が語る近未来に読者よ心を開かれよ。近未来は「悲観的なシナリオ」なのだ。


激変に晒されるのは日本も同じ。今後、車の需要は一〇年前に戻る可能性もあります。僕が気になっているのは若者の「免許離れ」です。最近、国内で、「免許人口」が減り続けています。

昔は、大学を卒業して免許を持ってなかったら、恥ずかしくて下を向いていたものです。ところが、今は「いらないですよ、免許なんて」「クルマ買える身分じゃないからいりません」という若者が増えている。

ですからビッグ3の苦境も他人事ではありません。うちはトヨタと違って、小さい自動車メーカーですから、そのぶん危機意識を強く持って、立ち向かっていかなければいけないと思っています。

鈴木社長は七八歳にして「悲観的なシナリオ」を心の中に描き、それも危機意識に変えて、果敢にトヨタに立ち向っていこうとするのだ。

鈴木社長は「あらゆる企業が市場開拓に行っているのだから、サハリンまで開拓すれば一巡してしまう。あとは〝競争〟しかありません」とも語っている。「トヨタよ、向かってこい。軽自動車市場で迎え撃ってやるぞ」と語っているように聞こえるではないか。

トヨタの子会社ダイハツは二〇〇八年八月二十五日、新型車「ムーブコンテ」を発表した。この車はダイハツ九州第二工場（大分県中津市）で生産される初の新型車であった。ダイハツの箕浦社長は、「軽自動車へのニーズは多様化しており、幅広い世代からの支持を狙った」と語っている。

カーアイランド九州で、トヨタ、日産の完成車工場が減産するなかで、値ごろで燃費効率もいい軽自動車主体のダイハツ九州は成長を続けてきた。「ムーブコンテ」は順調に売れている。ダイハツ工業は十一月の新車国内販売が前年実績を上回った。しかし、生産は横ばい。ダイハツ九州は小型車「ビーゴ」が減産に入った。軽自動車市場も不振を続けているが、大型・中型の乗用車が大きな減産をするなかで、かろうじての現状維持である。トヨタの販売網がダイハツを支えているともいえる。

日本自動車工業会の予測では、二〇〇八年度の商用車を含む軽自動車の需要は前年度に引き続き縮小し、〇・七%減の一八九万二〇〇〇台にとどまる見通しだ。二〇〇六年には二〇三万六一五台であったから、軽自動車といえども売れなくなっている。国内の自動車市場が縮小傾向にあることの証しである。

軽自動車は自動車取得税・自動車重量税などで税率を低く抑えられている。車が売れなくなっているゆえに、軽自動車を造らない他の国内メーカーから不満の声が漏れてくる。しかし、どうして軽自動車だけが売れ続けるのかを考えてみないと、車全体の未来は見えてこない。消費者が軽自動車を選ぶのは「税の優遇」のみならず、「維持費の安さ」に他ならない。

スズキは海外戦略を積極的にとっている。インドでの販売では大きなシェアを持つ。スズキは排気量一〇〇〇cc級の新型車「Aスター」をニューデリーで発表した。インドからの輸出を前提にしている。

スズキは、日本での発売に先がけて、二〇〇八年十一月十九日にインドで発売を開始した。価格は六七万~八〇万円。二〇〇九年一月に対欧輸出を始める予定である。日本のメーカーがアメリカ中心に戦略を練っているのとは全く逆である。スズキは最終的にインドから輸出する国を一五〇カ国とする。ほぼ全世界にスズキの小型自動車が溢れていく。スズキは、大型車の時代が確実に終わることを知っている。GM、フォード、クライスラー、そして日本のトヨタ、ホンダ、日産の時代がやがて終わるのを知っている。数百万円、一千万円といった車が売れた時代は過去のものとなるのだ。

クルマとは所詮、馬やラバの代わりではないのか

ダイハツの〇八年度の売上げ構成は、国内四五・七%、海外二三・四%、受託・OEM（海外含む）三〇・九%。海外販売の比率を高める以外に販売の拡張はできない。二〇〇七年はダイハツがスズキを自動車販売台数では抜いた。しかし収益ではスズキが上回った。〇七年、スズキは国内販売六七万三〇〇〇台に対し、海外販売は一七三万二〇〇〇台。生産台数も国内一二二万台、海外一四二万台。スズキはインドを生産拠点にして大躍進を遂げる可能性がある。

一方、競合するダイハツは海外進出への具体的なプランを持たない。海外の小型車市場に向けては、トヨタが独自に低価格のエントリー・ファミリーカー（EFC）の開発を進めているからだ。ダイハツが大企業グループの一員に加わったことが吉兆となる可能性は低い。

トヨタは二〇一〇年にインドのバンカロールに新工場を造り、小型車を輸出する計画を立て

ている。安い労働力を使い、安価な車がインドから世界に向けて出ていく。韓国の現代自動車も、二〇〇八年十一月初めにインドで一二〇〇cc級の小型車「i20」の対欧輸出を始めた。ルノーは九月、現地中堅メーカーと合弁生産する低価格セダン「ロガン」の南アフリカ向け輸出を開始した。

トヨタの高級車路線による高収益を上げる体制は崩壊しつつあるといってよい。車はもはや高級なイメージを売るものではなく、実用性という面から見直されつつある。

トヨタは「コスト削減負担と採算確保の条件」を追求していかなければいけない。従来の原価低減活動である「VI活動」を全面的に見直さなければならない。大きさ、重量、部品点数……一台当たりの利幅が小さい小型車では、数を稼いで量産効果を上げないといけない。トヨタに小型車で大ヒット作品が生まれる可能性はあるのだろうか。

トヨタは二〇〇八年の最後まで迷い続けている。『経済界』（二〇〇八年十二月十六日号）に、その迷えるトヨタの姿が描かれている。

「北米がビジネスのキーであるのは変わらない。恐らく今年が収益の底。来年後半には立ち直るとみている」（木下光男副社長）

ただし、この見通しも何らはっきりした根拠に基づいたものではない。どちらかといえば「来年後半までには何とか立ち直ってもらわなければ困る」という同社関係者の懇願にも似た思いの表れだ。

トヨタには「悲観的なシナリオ」がなく、あったのは「懇願的な未来願望」であった。悲観的なシナリオを立てて、暗然たる未来に立ち向かうのと、暗然たる未来に慌てふためいてオタオタとするのとでは、大きな差異が生じてくる。ホンダもスズキも大きな在庫をかかえ、悪戦苦闘をいち早く進めていった。トヨタは迷い続けて遅れた。その差が少しずつ現れてくることになった。

それでもスズキのインド販売は落ち続けている。日本経済新聞（二〇〇八年十二月二日付）から引用する。

スズキの十一月のインド販売は四万七七〇四台と前年同月比二六・九％の大幅減となった。今年最大の落ち込みで自動車市場の減速が一段と鮮明になった。西部の商都ムンバイで起きた大規模な同時テロを受け十二月以降はさらに落ち込む可能性もある。〔中略〕現地で五〇％近いシェアを持つマルチの新車販売が大幅に落ち込んだことで、十一月の新車販売が業界全体でも二カ月連続のマイナスとなるのは、ほぼ確実な情勢だ。

十一月二十六日夜に起きた同時テロが十二月以降の消費を冷え込ませる恐れがある。首都のデリー一帯に続く自動車市場であるムンバイが打撃を受けたことで、自動車業界の減速が強まるとの見方が出ている。

『週刊文春』（二〇〇八年十二月二十五日号）に載った鈴木修スズキ社長の談話については既に書いた。ここには彼の「インド観」も披瀝《ひれき》されているので記しておく。男なら、難局に向かってかく語るべきである。

こんな言い方がいいのかわかりませんが、牛とハエばかりのインドが高速道路の時代に入った。パキスタンもラバでモノを運んでいたのが、今ではほとんどスズキのキャリイ（小型トラック）で運ばれるようになり、道路上からは〝馬糞〟ならぬ〝ラバ糞〟がなくなった。それまでラバの糞は乾燥すると、人間の鼻について衛生上よくないと言われていましたが、今度はガソリンが衛生上よくないと言われています（笑）。そういうものなんですねえ……。

車とは所詮、馬の代わりであり、ラバの代わりである。「そういうものなんですねえ……」

と笑いつつ鈴木社長は言うが、まさしく車とは「そういうものなんですねえ……」である。

トヨタは「レクサス病」に罹ってしまった

トヨタは危機意識が薄く、大不況に対処できていないと私は書いた。トヨタの最高首脳たちはどのように考えているのだろうか。

『日経ビジネス』（二〇〇八年十一月十日号）に、奥田碩相談役の嘆き節が出ている。

非常事態にトヨタの危機感は一層高まっている。関係者によると、奥田相談役は「なぜ、小型車のヤリス（日本名ヴィッツ）で採算が合わないのか。うちの連中は何でもレクサス化してしまう。安いクルマで利益を上げているスズキに行って学んでこい」と社内でハッパをかけているという。

トヨタは間違いなく「レクサス病」に罹《かか》っている。レクサス病とは何か。奥田相談役がいみじくも指摘した「なんでもレクサス化してしまう」病である。トヨタはどうして、なんでもレクサス化したのか。それはレクサス化が一番儲かるからである。

ビッグ3はどうして凋落したのか。それは、三つの、大きな利益を生み出すものが消えたからである。(一) 巨大な米国市場、(二) 大金を生み出したピックアップトラック、(三) 金融事業による高収益体質、である。

では、トヨタはどうして「レクサス病」に罹ったのか。ビッグ3と同じように、(一) の巨大な米国市場が消えたからである。また、(二) のピックアップトラックは勿論だが、それに加えてレクサスが売れなくなったからである。「レクサス病」に罹ったトヨタに残された道はただ一つ、それは、(三) の金融事業による高収益体質のみである。

トヨタがサブプライム層(低所得層)までに無理をしてローンを、それも無利子で組ませようとしたが失敗したことはすでに書いた。そしてまたトヨタは、日産と同様に、車の販売店に一台につき価格の数十%にあたる報奨金を与え続けていることも書いた。トヨタの金融事業について書いている『日経ヴェリタス』(二〇〇八年十一月二日発売号) から引用する。

トヨタは米リーマン・ブラザーズ破綻の後、米販売金融子会社トヨタ・モーター・クレジット・コーポレーション (TMCC) でコマーシャルペーパー (CP) の発行に支障が発生、邦銀によるシンジケートローンにも資金調達手段を広げた。GMやゼネラル・エレクトリック (GE) の金融事業を参考に、世界中で拡大したという金融資産も、「このまま増やし続けていいのか、社内で激論が起きている」とトヨタの関係者は明かす。格付けトリプルAのトヨタも金融動揺の渦に巻き込まれている。

トヨタもホンダも日産自動車もグローバル路線は今のところ捨てていない。ただ、成長に不可欠な欧米市場で保護主義や異形のライバル出現が相次げば、競争条件がかみ合わずに劣勢を強いられないとも限らない。

トヨタの米販売金融会社TMCCのCP発行に支障が発生していることに注目したい。GMの金融子会社GMACは車購入にあたり、「名前」「住所」「生年月日」「社会保障番号」「職業」の記入だけで、無審査で自動車ローンを認めた。この自動車ローンを証券化し、GM車を売りまくった。ウォール街とGMACの協同で車が売られ続けた。GMACが破綻した後、トヨタがこの方式を利用してサブプライム層に車を売っている。だからCPの発行にも支障が生じたのである。トヨタはアメリカで約八兆円の自動車ローン残高を持つ。トヨタの金融資産は限りなく不透明になりつつある。

引用した文章の中の「保護主義や異形のライバル」にも注目してほしい（保護主義については次章で詳述する）。もう一つの異形のライバルこそ、トヨタ、ホンダ、日産の最大にして最強のライバルであろうと思う。

私は、その異形のライバルの一つがインドであると書いた。インドにおけるスズキの進出について書いた。異形のライバルのもう一つは中国である。

日本経済新聞（二〇〇八年二月十一日付）は「中国の一月の自動車販売台数（商用車含む、中国国内生産分のみ）は前年同月比一四・四％減の七三万五五〇〇台。同月に六五万六九七六台（同三七・一％減）の米国を上回った」と報じている。

中国が世界一の市場となった。これからも中国市場は拡大を続ける。

なによりもデトロイトが車の中心地であったのが崩壊寸前である。トヨタの最強の敵は異形のライバルである。インド、中国から輸出される安価な車の大量生産である。スズキはインドから世界に向けて、六〇万〜七〇万円程度の安値で車を輸出する。韓国の現代も、ルノーも、インドからの輸出を始める。

奥田碩相談役は「うちの連中は何でもレクサス化してしまう」と嘆いている。トヨタも日産もインドでの生産を開始すると発表している。

しかしトヨタは、「第二のデトロイト」であるインドへの進出で、スズキ、現代、ルノーに一歩も二歩も遅れをとった。私はこれから、「レクサス病」に罹ったトヨタの現状を書く。ひょっとして、トヨタはその巨体を解体しなくてはならないのではなかろうか。ＧＭと同じようにである。

「レクサス病」の第一症状は「どうにも止まらない」である。

昔々、日本が高度成長に浮かれに浮かれていた頃に、小林旭なるスターが「自動車ショー歌」（星野哲郎作詞）という調子のいい歌謡曲を歌った。その一番を記す。

あの娘をペットに　したくって
ニッサンするのは　パッカード
骨のずいまで　シボレーで
あとでひじてつ　クラウンさ
ジャガジャガのむのも　フォドフォドに
ここらで止めても　いいコロナ

この歌詞にあるように、「あとでひじてつクラウンさ」にトヨタはなったのである。それは「レクサス病」が、山本リンダの歌う「もう、どうにも止まらない」化していることを示している。「ここらで止めてもいいコロナ」なのに、トヨタは、もうどうにも止まらない。

日本全国に急拡大する「トヨタショック」

朝日新聞（二〇〇八年十二月六日付）から引用する。タイトルは「トヨタ市場回復期待　逆風の北米工場新設」である。

トヨタ自動車が四日、カナダで新工場を立ち上げた。米大手三社「ビッグ3」が相次いで工場を閉鎖する中では「異例」の工場新設だが、販売不振はトヨタも同じだ。急拡大させてきた北米での生産見直しを進める中で、カナダ新工場も生産数を当初より半減させる「逆風」下の船出になった。

「長期的な視点で、将来のために投資する必要がある」

トヨタの渡辺捷昭社長は四日、カナダ第二工場の生産開始を祝う式典で、地元自治体の首長や従業員らにこう語りかけた。販売急減で新工場の当面の生産は当初計画の半分の年七万五〇〇〇台に抑えたが、「市場が回復すれば（生産台数は）さらに拡大する」との見通しを示し、「成長の見込める市場」と位置づける北米の「将来性」を強調した。

トヨタは「ジャガジャガのむのもフォドフォドに」という医師の診断を無視したのである。

この式典が行われた二〇〇八年十二月四日こそは、米ビッグ3が、救済策を連邦議会に懇願する日であった。トヨタ新工場に雇われた一二〇〇人の従業員は式典の時間が近づくとウェーブを起こした。カナダの産業大臣も駆けつけ、渡辺社長とともにSUV「RAV4」の前で笑顔を見せた。ちょうどそのとき、ビッグ3の首脳たちは米上院の公聴会で上院議員らに厳しい質問を浴びていたのである。

「失敗を犯しました」とGMのリチャード・ワゴナー会長は頭を下げた。そして、経営責任を認めた。その二週間前に自家用ジェット機でワシントンに乗りつけたことも詫びた。

『日経ビジネス』(二〇〇八年十二月十五日号)

トヨタ自動車の北米での生産拠点

拠点	所在地	年間生産能力	主な生産車種
ケンタッキー	米・ケンタッキー州	50万台	カムリ(乗用車)など
インディアナ	米・インディアナ州	35万台	タンドラ(ピックアップトラック)など
カナダ第一	加・オンタリオ州	27万台	カローラ(乗用車)など
カナダ第二	加・オンタリオ州	15万台	RAV4(SUV)
テキサス	米・テキサス州	20万台	タンドラ
NUMMI (GMとの合弁)	米・カリフォルニア州	40万台	カローラなど
SIA (資本提携する富士重工の工場)	米・インディアナ州	10万台	カムリ
バハカリフォルニア	メキシコ	5万台	タコマ(ピックアップトラック)
ミシシッピ (2010年稼動予定を延期)	米・ミシシッピ州	計画は15万台	プリウス (ハイブリッド車)

※朝日新聞2008年12月6日付を参考に作成

から引用する。この式典の記事が出ている。

各社のトップは、自らハンドルを握ってデトロイトからクルマでやってきた。席上でも低姿勢を貫き、経営監督機関を設置するという屈辱的な提案にも、「決定に従います」と同意するしかなかった。

そんな中、トヨタが決めた日程はタイミングが悪すぎた。

「ビッグスリーの崩壊は、トヨタにとって良いことなのか」。報道陣からはそんな質問が出た。

トヨタはたしかに傲慢であった。あの公聴会の日付は以前から決まっていたのである。渡辺社長は押し寄せる報道陣を前に記者会見も開かず、会場を後にした。カナダ現地法人のレイ・タンゲイ社長が「救済法案については、コメントできない」と語ったのみである。

私は、アメリカがこの日を決して忘れないのではないかと危惧する。ビッグ3はこの日を屈辱のバネとし、負の遺産を切り捨て（国家の力により）、「ノーモア・トヨタ！」を叫ぶのではないか。

私は、トヨタが、ピックアップトラックが売れなくなり、テキサスやインディアナではすでに長期間の操業停止に入っていると書いた。また、ミシシッピ工場（二〇一〇年操業予定）ではSUVの生産を中止し、プリウスに切り替える予定であるとも書いた。トヨタはこれらアメリカに建設した工場が大きな足枷《あしかせ》となるであろう。二〇〇九年は、〇七年の生産台数の五〇％も売れれば上出来であろう。「もうどうにも止まらない」病とは誇大妄想症に近い病である。

もう一つ、「忘れて勉強をセドリック」病がある。勉強しなければいけないのに忘れることである。俗にこれを「健忘症」という。この病には二つの症状が現れる。一つは、過去のある期間のことを思い出せない状態である。もう一つは、物ごとを忘れやすいことを指す。次章でビッグ3を書く中で、この病について追求する。

まだある。「レクサス病」の中でも厄介なのは「確信病」である。この極端な例が「確信犯」である。確信犯とは、道徳的、政治的、宗教的な確信をもって、正しいと信じて行う犯罪である。私は「確信症」について書く。トヨタを「確信犯」扱いすると、多くのトヨタ・ファンからお叱りを受けるからである。

『経済界』（二〇〇八年十一月十一日号）を紹介する。読者はこの引用文を読んで、トヨタが「レクサス病＝確信症」に罹っているとする私の診断が正しいと認めてほしい。タイトルは「ついに富裕層もクルマ離れ⁉　金融危機直撃で『レクサス』ブランドは生き残れるか？」である。

米国市場の大減速が足を引っ張る形で、九月の世界販売台数は何と前年比三三・四％のマイナス。販売台数の前年割れは実に一三年ぶりの出来事で、トヨタ関係者に大きな衝撃を与えた。国内においても二三・六％のマイナスと、不振に歯止めがかかる様子はない。

トヨタ幹部は、

「全体の状況を考えると非常に厳しく、十月以降も金融危機の影響が出るのは間違いない。しかし年間五一万八〇〇〇台の〔レクサス〕販売目標を変更することはまだ考えていない」

との姿勢だが、このまま行けば、早晩計画の見直しを迫られる可能性もある。

私はこの幹部の発言を読んで、「やっぱり、『レクサス病』はひどいもんだ」と確信した。この確信に揺らぎはない。この幹部は政治確信犯ではないが、思想確信犯でもない。この二つの確信犯は信念を持って行動する。この幹部は「妄想的確信症候群」とも表現すべき病に罹っている。トヨタは年間五一万八〇〇〇台というレクサスの販売目標を十月中も掲げていたために、危機への対応が遅れたのである。

トヨタの対ドル想定レートも狂いっぱなしである。二〇〇八年十二月十二日、東京外国為替市場の円相場は、ビッグ3救済法案の廃案（後に米政府が特例で救済）をうけて、一時一ド

ル＝八八円台まで急騰した。日経平均株価も一時、六三〇円余り下げて八〇〇〇円割れ寸前まで
でいった。朝日新聞（二〇〇八年十二月十三日付）から引用する。

世界市場の「縮小」に直撃され、減産や人減らしを進める自動車業界。トヨタ自動車は、来年三月にかけての今年度下期は一ドル＝一〇〇円を前提とする。対ドルで一円円高が進めば年間で四〇〇億円の利益が吹き飛ぶ。想定外のペースで進む円高は「大きな痛手だ」（幹部）〔中略〕

トヨタ自動車が〇九年三月期の業績予想を「トヨタショック」と呼ばれた十一月の修正で示した数値からさらに下方修正する。連結営業損益は下期に赤字となり、通期は最大でも四二〇〇億円程度の黒字にとどまり、前期の二兆二七〇三億円に比べて八割以上の減益になる。世界的な経済失速で車の販売台数が十一月時点より大幅に減る見通しになったことや円高が響いている。

トヨタが十一月に発表した〇九年三月期予想の下方修正では売上高は前期比一二・五％減の二三兆円、営業利益は同七三・六％減の六〇〇〇億円、純利益は同六八・〇％減の五五〇〇億円になる見通しだった。為替レートが現状のままだと、下記の連結営業損益は一〇〇〇億円以上の赤字になる。

私は、トヨタが十二月二十二日に一五〇〇億円の赤字予想を発表をした日に、トヨタショックに関する本を書こうと決心したのである。自動車関係のデータはサブプライム問題の一つとして集め続けてはいた。しかし、トヨタを中心とするデータを集中的に揃えだしたのは十二月二十五日ごろからである。私は「トヨタショック病」という重い病に罹ってしまったのである。

私はこの本を書くべくペンを走らせつつ、日本人はみんな、この「トヨタショック病」に罹りそうだと思った。否、これは正確な表現ではない。「トヨタショック病」にすでに罹っていると思うようになった。そこで、私はこの本を書く決心をしたのである。

「トヨタの悪口など書かないほうがいい」と私に忠告する人がいた。私は非難されるのを覚悟で書いている。私は一人でも多くの人々に、この「トヨタショック病」をなるべく正確に伝えたい。近未来に対し、「悲観的なシナリオ」を伝えたい。近未来を少しでも動揺せずに生きていくためには、真相をいち早く知るしか方法がないと確信するからである。

私はそういう意味では、確信犯なのかもしれない。政治的な意味ではなく、道徳的、思想的な意味において確信犯なのかもしれない。それでもかまわない。私は真相を、私が確信する真相を書いていく。

［第四章］

日本経済が融《と》けてゆく

バブルを演出した「金融マフィア」と「生産マフィア」

アメリカの豊かな消費を支えていたのは不動産バブルであった。たとえば、年収が三万ドル（約二七〇万円）の人でも、住宅ローンを組めば年収の一〇倍以上の四〇万ドル（約三六〇〇万円）の物件を買うことができた。

どうしてこんなことが可能であったのか。それは、取得した住宅の価格のさらなる上昇が借金の価値を低くし、借金しているのにもかかわらず、新たにホームエクイティローンを借りることを可能にしたからだ。このローンでアメリカ人は自動車を買うことができた。新築の家を買い、新車を乗り回すのに疑問を持つことがなかった。しかし、金融バブルがはじけたので、住宅市場は崩壊していった。その結果はあまりにも惨《みじ》めであった。借金だけが残った。住宅の価値が下がり続けたので、家も手放し、車も捨てて、浮浪者《ホームレス》となる者が続出していくのである。

二〇〇八年中で住宅価格は三割以上も下がった。この下降は止まるところを知らない。

それでは、住宅ローン借入の残高はどれほどあるのだろうか。この数字も正確なデータがない。一説には、所得レベルから考えて返済が不可能だと判断されている借入額は三・八兆ドル（約三四二兆円！）もあるといわれる。このうちの一・八兆ドルが不良債権化して、金融機関が所有するというわけである。しかし、金融機関の持つ不良債権に関しては、住宅ローン関係だけでも諸説が入り乱れているのでこれ以上は書かない。

私は先に野口悠紀雄教授の説を少しだけ引用した。トヨタが出した営業損益に関する彼の説明について書いた。野口教授は二〇〇八年十二月に『世界経済危機　日本の罪と罰』（ダイヤモンド社）を出版しているので、引用する。

「このバブル膨張の過程には、日本が深くかかわっていた」ということだ。少なくとも、日本の存在を抜きにしては、サブプライム・ローン問題は生じ得なかった。

日本の問題は、「貪欲さ」ではなく、「賢さの欠如」である。「日本はアメリカの投資銀行のような貪欲さを持っていなかった。だから、悪いのはアメリカだ」という意見が日本では強いように見受けられる。たしかに、貪欲は罪である。しかし、知識がなく賢さに欠けることも同じように罪なのである。

私は、トヨタをはじめとする自動車メーカーが、これでもかとアメリカ市場に（全世界と書くべきだが）車を輸出し続けたのを「貪欲生産至上主義」、略して「貪欲主義」と書いた。「貪欲さ」は、「賢さの欠如」でなく、「賢さの豊穣《ほうじょう》」である。賢い連中が貪欲さを発揮するのが「貪欲主義」である。それを私は「レクサス病」と呼んだ。賢さの欠如を、道徳的、あるいは哲学・思想の意味で表現するならば、野口教授の説が正しいといえる。

日本の自動車メーカーは、危機意識があろうとなかろうと、「悲観的シナリオ」を作り上げていようとなかろうと、とにかく湯水のようにアメリカに車を垂れ流したのである。

トヨタは「世界販売戦略」を立て、アメリカ市場に車を垂れ流し、ついに世界の車の製造・販売でGMを抜き去ったのである。どこに「賢さの欠如」があろうかというわけである。

トヨタをはじめ日本のメーカーは「もうどうにも止まらない」貪欲さを十分に発揮し、ドルを稼ぎに稼いだ。そのドルを増大させるために、日本政府と日銀を脅《おど》し上げ、円金利をゼロに限りなく近くに設定させた。世界中のヘッジファンドが日本の低利の円を借りまくった。それがドルとなり、バブルの資金となった。また、日本のメーカーたちは、円安を同時に煽った。車をどしゃ降りの雨のようにアメリカ市場に溢れさせた。私は、一部の貪欲で賢さに満ちた金融マフィアたちと、日本の「貪欲主義」の信奉者である生産マフィアが一致協力して、バブルを煽ったとみているのである。

金融マフィアたちは、自分たちが経営する商業銀行や投資銀行、ヘッジファンドが倒産しようと意に介さない。裏取引で巨大なブラックマネーを得ればいいのである。そこの一点において、金融マフィアと生産マフィアの決定的な差異が出てきたのである。

大きな金が突如のごとく消えてしまった。アメリカでは、貧民層のみならず、中産階級も借金だらけとなった。それだけではない。二〇〇八年十月ごろから、失業者が増えてきた。それも一カ月に五〇万人単位である。

日本のメーカーたちは、「貪欲さ」の「行き着くところ」を今、眼前にしているのである。『週刊東洋経済』（二〇〇八年十二月二十日号）から引用する。「自動車全滅！」という記事である。

　要は時間との闘いであり、減産を上回るスピードで販売減が続くかぎり、在庫拡大は必至だ。十一月の在庫供給日数を見ると、ホンダで一一〇日、日産では一一六日だった。いわばざっと四カ月近くは、クルマを造らなくても済む。適正水準は五〇〜六〇日だから、いかに膨大な数値かがわかろう。

私はこの在庫日数もすでに書いた。準新車の在庫数も、この新車在庫数とほぼ同じ程度にある。それに、市場に出る前のメーカー在庫数は公表されたデータがないが、これも工場の敷地に溢れている。造りかけた車も膨大な数である。

「車は売れ続ける。明日も売れ続ける。その車の価値は変わらないであろう」

この神話が、日本のメーカーたちを「貪欲主義」に走らせたのである。

無理を承知の販売方法がアメリカで生み出され、それがゆえに車はますます売れなくなっている。リース会社に大量に持ち込まれて、新車は中古車へと一瞬にして変貌している。この中古車の価格の下落率が激しいのだ。何がアメリカで起こっているのか?

アメリカでのリース後の残余価値率の下落がメーカーの財務を悪化させている。販売店では売れない。リース店に回してもごく僅かしか売れない。残余価値が一〇%近く、わずか数カ月の間に下落している。ディーラーの倒産が続出し、車の残金の未収が続いている。売れなくなったから、レンタカー市場へ車が大量に流れている。しかし、これもすでに限界にきた。

私は景気が回復すれば、また、車は昔のように売れ出し、自動車会社も従来通りの生産ができるようになる、という説に反対する。

『エコノミスト』(二〇〇八年九月二十三日号)に、水野和夫が「米国の落日、やがて来るドル危機」を書いている。

過剰債務を返済するということは、これまでの過剰消費を是正するということに他ならない。この試算でようやく米個人消費の対GDP比は現在の七一・一%から五年後には六七・六%へと低下する。これは九八年とほぼ同水準である。すなわち、過剰債務が発生す

トヨタ、GM、フォードの金融事業利益

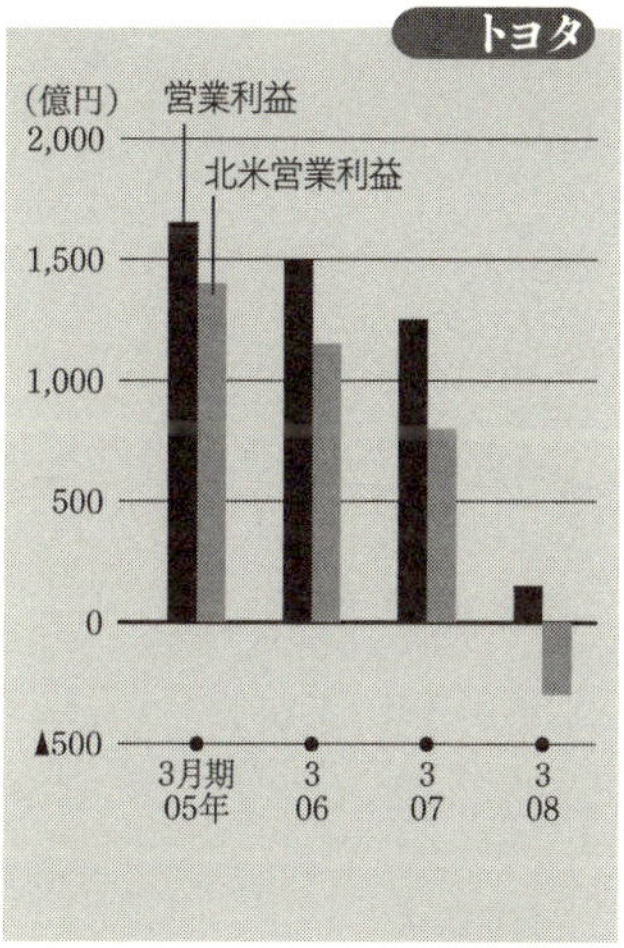

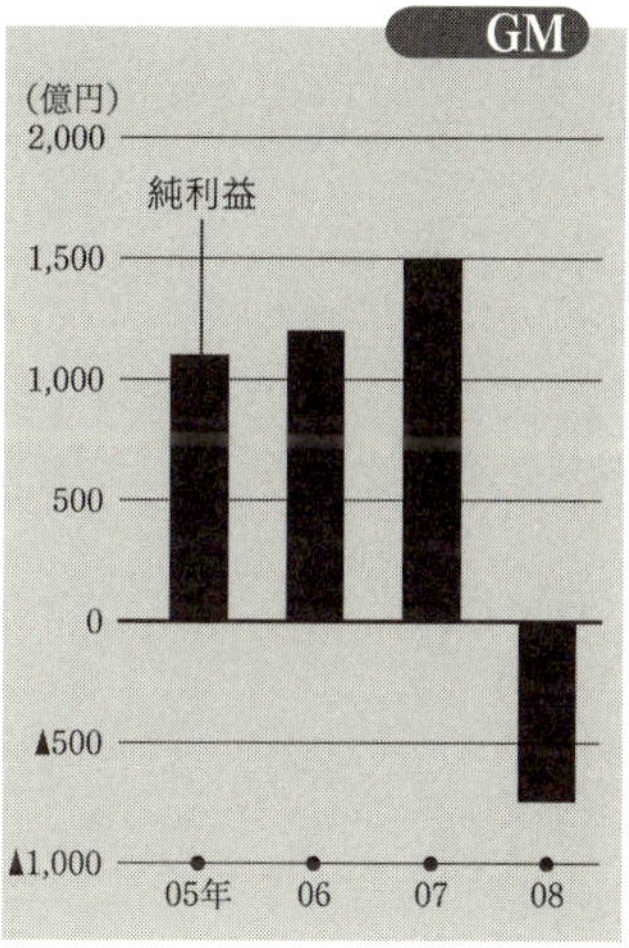

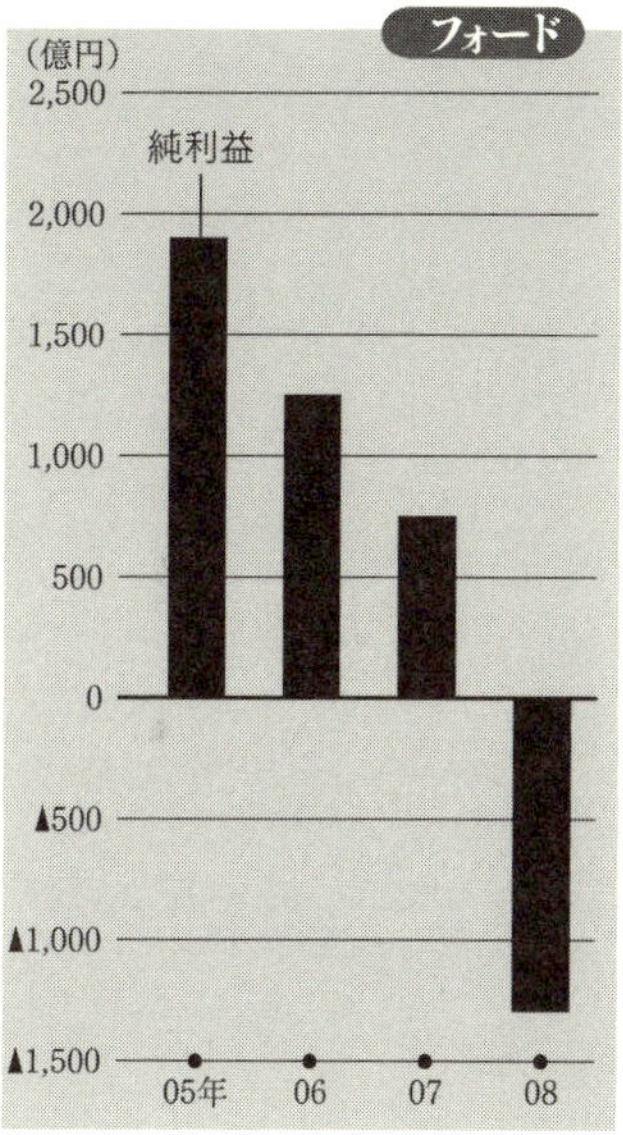

※『週刊東洋経済』
2008年12月20日号を参考に作成

る直前の水準に消費支出が戻ることになり、それが過剰債務の調整終了を意味するのである。

水野和夫は、「アメリカ人は過剰消費をしたので借金だけが残った。その借金を返し終えるのに五年（まともに返しての話だが）という年月がかかる。そのときは一九九八年と同水準となっている」。こういう具合に書いている。水野和夫はまた、『金融大崩壊「アメリカ金融帝国」の終焉』（日本放送出版協会、二〇〇八年）という本の中でより詳しくこのことを書いている。

私も、アメリカがある程度の回復をするのは少なくとも五年という年月を要するとする水野和夫の説には賛成である。これは、スズキの鈴木修会長兼社長のあの発言と同様である。

では、五年後には車が売れるようになるのであろうか。多くの経済学者や経営者たちは景気が回復し、元通りに戻ると書いたり、語るのである。私はこんな彼らの説をまるで信用しないし、あえて彼らを「貪欲主義の信奉者」と呼びたい。

貪欲主義者たちは敗北した

もう一度、『週刊東洋経済』（二〇〇八年十二月二十日号）から引用する。

金融マジックで新車販売を積み上げた近視眼的な経営の結末が、ここにある。

このホラーストーリーにはまだ続きがある。

中古車はスクラップするか、はたまた海か砂漠に捨てるかでもしないかぎり、マーケットに澱《よどみ》のようにたまっていく。「今後、仮に経済が回復し始めるとして、真っ先に売れるのは中古車だろう」（住商アビーム自動車総研の長谷川社長）。

新車より安いことに加え、乗った途端にどんどん減価する新車より二～三年落ちの中古車はその後の減価カーブが緩いので、これまで以上に慎重なマインドの消費者は「資産価値を考えて中古車を選考する」（同）。つまり、中古車が新車販売回復の阻害要因になりうるのだ。

「景気が回復しさえすれば、米国は再び一五〇〇万台時代に戻る」――。業界関係者たちが口にする〝期待〟は、文字通り期待外れに終わるかもしれない。

私は住商アビーム自動車総研の長谷川社長に大いなる敬意を表したい。まさに、彼の語る通りである。

「景気が回復しさえすれば、米国は再び一五〇〇万台時代に戻る」ことは、ほぼ確実にあり得ない。私はそれを「レクサス病」的な妄想とする。アメリカの人々が借金を返済し終えた後に、またバブルの世界に逆戻りすると考える人々は多い。経営者、政治家、エコノミストたちの多くは、「誇大妄想症状」の状態にある。いち早く、心の病院（精神病院ではない）で診察を受けるよう忠告する。

彼ら、貪欲主義者たちは人間の心を攻撃し、傷つけても何らの良心の痛みを持たぬ輩《やから》と同じだ。「どうせ私をだますなら、だまし続けて欲しかった」という歌の文句の意味さえ理解できぬ輩と同じだ。

「……これまで以上に慎重なマインドの消費者は、資産価値を考えて中古車を選考する」という長谷川社長の重い言葉の中に、貪欲主義者たちの敗北の姿が見えてくる。

一月《ひとつき》に五〇万人以上の失業者がアメリカでは生まれている。五〇万単位で失業保険を貰っている。失業保険のない人、失業保険の切れた人は失業者の中に入っていない、と私はたびたび書いた。これらの人々は一〇〇〇万人以上もいるだろうと。そして、サブプライムローンだけでなく、優良なはずのプライムローンでも破産者が続出し、数百万人単位で家や車を失っているのだ。

もし、順調に借金を返済し終えたとしても、五年という年月が流れていくのである。

「これまで以上に慎重なマインドの消費者」となった彼らが、どうしてギンギラギンの高級車に乗ることがあろうか。貪欲主義者たちに告ぐ！　あなた方は政治や経済や社会や企業を論ずる前に、虐《しいた》げられ、裏切られ、すべてを失くした多くの貧しい人々の心の中を推察することから始めよ。

トヨタをはじめとして、車を湯水のごとく垂れ流したメーカーの首脳に告ぐ！

「環境に優しい車」という広告を中止せよ。あなた方が製造した車は燃費の問題どころではない。「中古車はスクラップするか、はたまた海か砂漠に捨てるかでもしないかぎりマーケットに澱のようにたまっていく」のである。あなた方が売ろうとするどんな小さな車のエンジン一つを造るにも、一トン以上の水を使い尽くすのである。人類、否、この地上に生きるすべてのものにとっての生命の糧《かて》である水を無限に喰い尽くして、プリウスはどうして「環境に優しい車」なのか。

車が売れなくなっていく最大の原因は、人の心が変わりつつあることである。ギンギラギンにさりげなく「グットバイ」と言っているのである。

私は三十代のころ、カーマニアであった。トヨタ、ホンダ、日産の新車を次から次へと乗り換えてきた。マツダがロータリーエンジンを発表すると、銀メッキされたギンギラギンのカペラをすぐさま買い付けた。別府の町でロータリーエンジン車に乗った第一号だった。その私が今は、息子が買ってくれた中古の軽自動車に乗って満足している。A地点からB地点につつがなく運んでくれるこの中古車に感謝している。この中古車で二年になるが、一度の故障もない。「環境に優しい車」がもし生まれるとすれば、海か砂漠か、はたまたマーケットに「澱のように捨ておかれた車」を回収し、新車の代わりに、これらの車を新車もどきにすることである。その時こそが、「ニュー・エコカー」の誕生の時となる。

ジャパン・バッシングはなぜ起こらないのか

ビッグ3について書くことにする。『フォーブス日本版』(二〇〇九年一月号)から引用する。

ゼネラル・モーターズ(GM)、フォード、クライスラーの「ビック3」が元気だったころ、小林旭の「自動車ショー歌」がヒットした。「あの娘をペットにしたくって」で始まる歌詞の中には「骨の髄までシボレーで」「鐘が鳴る鳴るリンカーンと」「それでは試験にクライスラー」など、ビッグ3にちなんだ歌詞がたくさん交じっている。そのビッグ3が、いま業界再編の危機に遭遇している。世界ランキングでGMは王座の地位をトヨタに譲り、フォードはフォルクスワーゲンに抜かれて第四位に後退した。GMとの統合が暗礁に乗り上げているクライスラーにいたっては、ホンダに抜かれて米国第五位に転落するのは確実だ。

私は先に小林旭の「自動車ショー歌」に注目して、前章でその一番を紹介した。この記事の着眼も私と同工異曲である。この「自動車ショー歌」の歌詞を幾度も読んでみて、私はこの歌の中に、自動車産業の栄枯盛衰《えいこせいすい》が唄われているのを発見した。一番は紹介した。二、三番は省略し、四番を記すことにする。

ベンツにグロリア　ねころんで
ベレットするなよ　ヒルマンから
それでは試験に　クライスラー
鐘がなるなる　リンカーンと
ワーゲンうちだよ　色恋を
忘れて勉強を　セドリック

色恋にうつつをぬかして、大事なことを学ばないうちに、骨の髄までGMはシボレーられて、ガソリンを大量に飲みこむフォードはほどほどにせず、ついに、クライスラーはこの世の試練という試験に敗北し、ビッグ3は繁栄という名の終わりをつげる鐘がリンカーンと鳴り、「デトロイト3」へとグロリアの時代はオペルしたのであった。

『フォーブス』の記事を続けて読んでみよう。この短信はとても面白いのである。

一九八〇年代以降、日本車の台頭など国際化の荒波に翻弄されてきたビッグ3は、ここ一年で発生した予期せぬ出来事によって一気に「デトロイト3」に格下げされた。ガソリン高騰による大型車の販売不振、金融危機による信用収縮によって、活動の舞台をアメリカの一地域に押し込められたのだ。二十一世紀は環境の世紀と言われているが、長期信用格付けを「破綻寸前」に引き下げられたGM、M&Aで傘下に収めたジャガーをインドのタタに売却したフォードに、ハイブリッドカーや電気自動車を開発する資金的余裕が残っているのだろうか。

私はこの文章を読みつつ、「自動車ショー歌」の詞をつくった星野哲郎は、ひょっとして予言者ではないかと思ったのである。「ジャガジャガのむのもフォドフォドに」の中に、彼の予言が的中しているのを発見できるのである。フォードは、タダ同然でインド企業のタタに、ジャガーをシボレーられたのである。

この記事は次の文章で終わる。

機械化への風刺をこめて「モダンタイムス」を製作したチャップリンは、トーキーへの変化を見抜けずに没落した。オートメ化で繁栄を築いたビッグ3もその轍《てつ》を踏んでしまった。オバマ次期大統領はデトロイト3に対する支援を検討しているが、議会から反発の強い公的資金の注入は「ジャガジャガ飲むのもフォドフォドに、ここらでやめてもいいコロナ」だ。

どうしてビッグ3は、「デトロイト3」に転落したのであろうか。私は、ピックアップトラックが売れる巨大市場があり、その車を売るためにビッグ3が金融事業に力を入れたからであると書いた。二十一世紀に入り、住宅バブルが続き、一六〇〇万〜一七〇〇〇万台規模で車が売れ続けた。「GMにとって良いことはアメリカにとっても良いことだ」という神話はかろうじて生き続けていた。

このように、GMもビッグの面影がない。それなのにどうしてジャパン・バッシングが起こらないのだろうか。私は『ニューズウィーク日本版』(二〇〇八年十二月二十四日号)を読んでいるうちに、その積年の疑問が解けていくのを知った。この雑誌の記事を書いたのは、ダニエル・グロス（ビジネス担当）である。この記事に私観を交えて書くことにする。

二〇〇八年十二月四日、ビッグ3は上院公聴会に出席した。ちょうどこの日、カナダ・オンタリオ州でトヨタの新工場のオープン式典が開かれた。このことはすでに書いた。この式典に関して、『日経ビジネス』（二〇〇八年十二月十五日号）には次のように書かれている。

奇しくも日程が公聴会と重なった。苦境に喘ぎ、工場閉鎖やレイオフに奔走するビッグスリー。それでも、トヨタは延期することなく、予定通り工場を立ち上げた。背景には、もう一つの事情がある。

新工場建設を決断した二〇〇五年、トヨタの現地生産比率に変化が生じていた。六〇％台だった数字が、翌年に一〇ポイント近く下落。その主因が、北米で生産していなかったRAV4と「ヤリス（日本名ヴィッツ）」のヒットだった。「二〇〇八年に七五％」という目標を掲げていただけに、現在の五五・二％という数字は「トヨタ批判」を招く恐れがある危険水域。RAV4の現地生産は、喫緊の課題となっていた。

この記事がいわんとしているのは、米自動車市場で、トヨタをはじめ、ホンダ、日産が日本からアメリカに輸出した一九七〇年代後半から九〇年代前半のビッグ3による日本車へのバッシングを指す。しかし、二〇〇〇年に入り、ビッグ3のジャパン・バッシングは止まっていた。一つの、そして最も大きな理由は、ビッグ3はピックアップトラックなどの大型車が売れに売れて荒稼ぎしていたからである。『日経ビジネス』の説明は今ひとつ納得しがたい点がある。では、『ニューズウィーク日本版』のダニエル・クロスの報告を読んでみよう。

ケンタッキー州中部の町ジョージタウンはかって、二つの特産物で知られていた。バーボンウイスキーと馬だ。一七八九年、バプテスト派の牧師イライジャ・クレイグが初めてバーボンを蒸留したのがこのあたりといわれている。町を取り囲む牧場では、サラブレッドがブルーグラスを食《は》み、速足で駆け抜けていく。

だがその町がこの二〇年で、別の種類の「馬力」によって静かな田舎町から活気に沸く郊外都市に変貌した。その力の正体は、カムリやアバロンやソラーラ。トヨタ自動車が生産する自動車だ。税制優遇など州の誘致が実り、トヨタがここに巨大な生産工場を完成させたのは八八年。以降、田園風景は一変した。

一四一頁の表をもう一度見ていただきたい。ケンタッキーの工場の年間生産能力は「五〇万台」、主な生産車種は「カムリ（乗用車）」とある。北米でのトヨタ最大の工場である。

「別の種類の馬力」とは言い得て妙である。一匹の馬が運ぶ力を一馬力という。車は一・五〜二トンの車で、たった一人の人間を運ぶのに一〇〇馬力ほど、すなわち、馬一〇〇頭分の力を消費している。電力でいえば約七五キロワット。たった一人が移動するのに、これだけのエネルギーを使っている。グロスはサラブレッド一馬力とトヨタの別の種類の「馬力」で、車という化け物を巧みに表現しているように思える。続けて読んでみよう。

トヨタは広さ五・三平方キロの工場に五三億ドルの投資を行い、今ではざっと一分に一台車を生産するまでになった。ジョージタウンの人口は倍増し、かつてタバコを栽培していた畑や牛を飼っていた牧場には豪邸やアパート、マンションなどが立ち並ぶ。工場のそばには、七〇〇〇人の従業員の消費需要をねらう大規模ショッピングセンターも造られている。

「トヨタ誘致のために州が行った投資は何倍にもなって報われた」と、ケンタッキー州上院議員のデーモン・セイヤーは言う。

もちろんジョージタウンの工場も、デトロイトのビッグスリーを破綻のふちに追い込んだ市場環境の悪化と無縁ではない。最近は派遣労働者二五〇人に一時帰休を申し渡したし、減産も強化している。
それでも、塗装部門のチームリーダーを務めるブライアン・ハワード（四二）に不満はない。賃金は高いし、医療保険の保険料も家族で月七四ドルと安い。「会社は何年も前から、いざというときのそなえもあると言ってきた」と、彼は言う。「今がそのときだが、ビッグスリーと比べればよくやっている」

私はグロスのこの文章を読みつつ、カーアイランド九州のトヨタ九州の工場に思いを馳《は》せたのである。ここでも派遣工が首を切られている。グロスは書いていないが、主力工場の周辺には下請け工場がたくさんあるはずだ。トヨタ九州の減産にともない、下請け工場の倒産が相次いでいる。カムリもアバロンもソラーラも今では売れていない。この巨大な工場も休業状態に入っているはずである。従業員の「会社は何年も前から、いざというときのそなえもあると言ってきた」の言葉の端に不安の影が見え隠れする。

トヨタは二〇〇八年の八月ごろに、初めてサブプライムローン問題によるアメリカの恐慌に気づき、おたおたするのである。グロスの記事を読み続けてみよう。

アメリカの自動車産業といえばビッグスリー、という常識はひっくり返った。この二〇年の間に、アメリカには第二の自動車産業が勃興した。州による優遇措置が厚く賃金も安い南部を拠点とし、労組の制約を受けず、外国の自動車メーカーが所有する自動車産業だ。南部では今や、アジアやヨーロッパの自動車メーカーの名が刻まれた大規模工場が、南北戦争の記念碑と並んで点在している。ケンタッキーやテネシー、アラバマ、ミシシッピ、サウスカロライナ、ジョージア、テキサスなどの州に進出した外国メーカー八社(「リトルエイト」と呼ぼう)は、アメリカの自動車産業地図と、その未来をめぐる政治の勢力図さえ塗り替えた。

私はグロスのこの記事を読んで、かつて起こった「日本車バッシング」が消えた最大の理由を理解したのである。そして、タイトルの「米自動車『南北戦争』の深層」の意味をも理解した。グロスの記事を読む前に私は、ディビッド・ハルバースタムの『覇者の驕り　自動車・男たちの産業史』(日本放送出版協会、一九八七年)と、ミシェリン・メイナードの『トヨタがGMを越える日』(早川書房、二〇〇四年)を読んでいた。

この二冊の本を読んで、デトロイトの自動車産業の発展史とともに、日本の自動車産業がどのようにしてアメリカに進出してきたかの歴史を学んだ。これらの本を読むことを勧めたい。紙幅の関係で引用できないのが残念である。

グロスが言わんとするのは、北のデトロイトに対し、南部の外国による自動車産業の構図を読み取れば、これが現在の「南北戦争」であるという点である。私はグロスを知り、この自動車産業の栄枯盛衰の物語の奥深さに目覚めたのである。今、二十一世紀の今、南北戦争の最中なのである。歴史が逆転しつつあるのだ。グロスの記事を続けて読んでみよう。

連邦議会からこのところもれ聞こえてくる話を聞けば、トヨタや現代自動車、BMWなどはすべてアメリカのメーカーかと勘違いしそうだ。

ゼネラル・モーターズ（GM）、フォード、クライスラーに対する最大一四〇億ドルの救済法案が下院で可決された翌日の十二月十一日、ケンタッキー選出のミッチ・マコンネル上院院内総務（共和党）は上院で、熱のこもった反対論を展開した。「（ビッグスリーの）賃金は、日産自動車やトヨタ、ホンダと同水準まで引き下げられなければならない。それも明日ではなく、今すぐに」

マコンネルと、同じ共和党のリチャード・シェルビー上院議員（アラバマ州選出）やボブ・コーカー上院議員（テネシー州選出）らは、ついに救済法案を廃案に追い込んだ。〔中略〕

ビッグスリー救済法案をめぐる格闘は一見、労組とビッグスリーの影響力が強い北部の民主党議員と、労組の勢力拡大を認めない南部の共和党議員との間で勃発した新たな「南北戦争」のようにもみえる。

現に、マコンネルとその仲間たちは、連邦政府によるビッグスリーへの補助金には反対しているが、地元の州では外国の自動車メーカーに何十億ドルもの補助金を出している。

「南北戦争」の中で、トヨタ、ホンダ、日産は、補助金の何十億ドルのかなりの部分を受け取っているとグロスが書いている。だから、儲け話にジャパン3が乗っかった、というのが真相なのだ。南部の諸州はどうして何十億ドルの補助金を出してまでトヨタを迎えたのかを考えてみる必要がある。さて、ここでグロフの記事を中断する。しかし、次項でまた少しだけ書くことにする。グロスは次のように書いている。


アメリカ人が本当に買いたい車を臨機応変に作って利益を出す能力と柔軟性は、デトロイトのアンチテーゼだ。

GMの命運は日本人の生活に直結する

日本経済新聞(二〇〇八年十二月七日付)から引用する。

五日の下院金融委員会での公聴会を前に激震が襲った。同日朝発表された十一月の米雇用統計は、市場予想を大きく上回る約三十四年ぶりの大幅悪化で、非農業部門の就業者数は一気に五三万人も減少した。

「ビッグスリーが行き詰まると多くの部品メーカーも倒れる」（GMワゴナー会長）。「三社のうち一社が破綻すると、残りの二社も事業を続けられない」（全米自動車労働組合のゲテルフィンガー委員長）。公聴会で自動車業界は労使一体となり窮状を訴えた。

上下《じょうか》両院での公聴会では、ビッグ3は議員たちから難しい質問を浴びせられた。ペロシ下院議長はボルテン大統領首席補佐官と電話協議し、燃費効率の良い車の開発を支援する二五〇億ドルの政府低利融資枠から一五〇億ドル程度を緊急融資に回すことに合意した。こうして、ブッシュ政権の意向に沿うかたちでGM、クライスラーの年内破綻は回避されることになった。一五〇億ドル規模の支援は、三社が議会に要請した計三四〇億ドルの半分以下であった。

二〇〇八年十月の米新車販売台数は前年同月比で三一％減。年率換算で一〇五六万台となり、二五年八カ月ぶりの低水準となった。一七〇〇万台近くも売れた二〇〇七年と比較してみると雲泥の差である。二〇〇九年は間違いなく一〇〇〇万台を切る。

『ニューズウィーク』(二〇〇八年十二月三日号)の中で、米調査会社J・D・パワーは二〇〇九年度の世界自動車販売を「完全なる崩壊」と予測し、次のように断じている。

〔〇九年の〕アメリカの新車販売台数は、今年〔〇八年〕からさらに三〇%減ると予測するアナリストもいる。自動車ローンでかなりの焦げつきが出ていることもあり、自動車販売が近い将来、危機の前の水準を回復できると予測するアナリストはほとんどいない。現在建設中の新しい工場もあり、世界中の過剰設備は〇九年には三〇%に達し、二九〇〇万台の自動車が余るとみられている。

私は幾度も過剰設備が産み出す新車の氾濫について書いてきた。二〇〇九年の一年間、全く新車を製造しなくても、車の供給に不自由はないと私は断言できる。新車も準新車も中古車も溢れ返っている。そうした状況でGMとクライスラーへの救済が行われた。フォードは最終的に救済を辞退した。同誌の中に注目すべき記事が出ているので引用する。

EU(欧州連合)の欧州委員会のジョゼ・マヌエル・バローゾ委員長も、もし米政府がビッグスリーを救済するなら、WTO(世界貿易機関)に訴えるかもしれないと警告している。

問題は、自動車メーカーを救済するか否かだけではなく、どんな条件をつけるかだ。下手をすれば、単にゾンビ企業の延命になるだけでなく、補助金を受けた製品がさらに販売価格の下落を加速させることになる。

アメリカでは、連邦破産法十一条の申請を回避しながらも、政府資金を使いながら破産処理に近い事業再編をビッグスリーの一部に迫ることがコンセンサスになりつつあるようだ。労働組合との契約の見直しやさらなる工場閉鎖などが条件になるだろう。

このビッグ3の倒産も〝大変〟であるが、それ以上に、倒産をさせないようにアメリカ政府が援助を続けるのも〝大変〟なのである。「救済策にいちばん欠けているのは、自動車産業の未来をどうするかという視点である」とする説がある。しかし、何人《なんぴと》も自動車の未来を正確に予想できないのである。

将来の主流はハイブリッド車なのか、電気自動車なのか、燃費性能を極めたガソリン車なのか……。ハイブリッド車にしろ、電気自動車にしろ、小型化が進んでいくことは間違いない。今までの過剰設備の上に新たな設備が加わっていく。そして、次から次へと車が増産されていく。私は幾度も書いたように、これは「環境に優しい車」の誕生となるのだろうか。ビッグ3

はハイブリッド車も電気自動車も開発さえしていない。リチウム電池の工場を造るというが、敷地だけは用意しているものの建設の準備はしていない。資金が底をついたからである。

　二〇〇九年夏から三菱自動車は、電気自動車「ｉミーブ」の販売を予定している。GMやフォードは、三菱自動車に電気自動車を供給してほしいと懇願している。しかし、三菱自動車は断る方向で検討している。

　私はNHKテレビの「クローズアップ現代」で、益子修三菱自動車社長が「ｉミーブ」に乗っているのを見た。実にシンプルなスタイルの、無駄ひとつないデザインであった。

三菱の電気自動車「ｉミーブ」（三菱HPより）

　もしも（万が一ないと思うが）、三菱がGMかフォードの要望に応じて大量生産に入ったらどうなるのであろうか。あの過剰なる設備、過剰なる人員はどうなるのであろうか。

　三菱は〇九年度生産予定の二〇〇〇〇台を上回る受注があり、他社に回す余裕がないとしている。私は三菱の立場を是とする。大量に車を造れば、またその反動も大きいのである。

　米国での自動車販売は一三カ月連続の前年同月割れである。二〇〇九年も連続して売れなくなっていくに違いない。多くのアナリストが、GMの資金[illegible]〇九年一月中にショートするだろ

う と予想している。オバマ新大統領は応急処置を当分は続けるであろう。

私は、この本を読み続けてくれる読者に伝えたい。GMの近未来が、私たち日本人の生活に大きく影響するということを。だから私はGMに拘《こだ》わるのである。

『週刊東洋経済』（二〇〇八年十二月二十七日・二〇〇九年一月三日合併号）に、GMが倒産した場合の予測が書かれている。

ビッグ3が倒産した場合、日本車メーカーにとってチャンスとなるのだろうか。少なくとも短期的には「ノー」だ。十一日に政府融資法案が廃案となった直後、米株式市場ではビッグ3に加えてトヨタ自動車やホンダ、日産自動車などの株価も急落した。

理由として、第一に、部品供給に与える悪影響だ。日本車メーカーの現地工場でも、米系部品メーカーから少なからず部品の現地調達を行っている。仮にGMが破綻すれば、部品メーカーの連鎖倒産を招き、日本車の部品調達もマヒする危険性をはらむ。

第二の影響が消費者心理の悪化だ。米国の中古車価格指標はすでに九月から前年同月比約一〇%減の下落を続けているが、ビッグ3が一社でも倒産すればこの流れがさらに加速することは必至だ。リセールバリューの下落で、米国の新車需要全体も冷え込むことになりかねない。

第三に、マクロ経済への影響だ。ビッグ3が市場から退出した場合の雇用インパクトは、初年度二九五万人に上ると推計する調査機関もある。これは米国製造雇用全体の約二〇％に相当する。そうなれば為替相場への影響も無視できない。実際、救済法案の廃案が決定した当日、米ドルは一時一ドル＝八八円台に急落した。

ビッグ3の倒産は、日本車メーカーだけでなく、日本の成長の源泉である輸出産業全体にとっても、一大事となりうるのだ。


正直に書くならば、この「第一」「第二」「第三」は想定される範囲内のことである。GMが倒産しようが、救済され続けようが、この程度のことは当然起こり得るのである。「初年度二九五万人に上る」と書かれているが、GMが倒産しなくても毎月五〇万人以上の失業者が出ているのだ。もし倒産すると、二〇〇八年十二月現在で一〇〇〇万人いる失業者にプラスされるので、二〇〇九年度中に二〇〇〇万人の失業者が出ることになる。一九二九年の大恐慌よりも凄い惨劇を、私たちは目の当たりにすることになる。

しかし、この三つの出来事以外にもっと大変な事態が日本を襲うのである。それは「南北戦争」が異様な戦争となっていくのである。何が起こるか？　前に引用したグロスがこの戦争の行末を語っているのだ。二十一世紀の戦争は、平和という名の安寧《あんねい》の中から発生することを知らねばならない。

もちろん、外国の自動車メーカーもデトロイトと同じく市場環境の悪化に苦しんでいる。自動車ローンの収縮と消費者心理の冷え込みで、今年の新車販売はどのメーカーでも落ち込んだ。十一月のトヨタの新車販売は前年同月に比べて三四％減った。テネシー州にある日産のスマーナ工場では、最高一二万五〇〇〇ドルの上積み金を提示して早期退職を募集している。

テキサス州サンアントニオでは、トヨタのピックアップトラック「タンドラ」の工場が、夏から三カ月間生産を休止した。だがトヨタは、一人も一時解雇していない。サンアントニオ広域商工会議所ＣＥＯ（最高経営責任者）のリチャード・ペレズによると、トヨタは市に対し「暇にしている従業員の労働力をどっさり」提供した（市はその助けを借りて美化活動を行った）。

トヨタには、従業員により優しく振る舞えるだけの余裕がある。ビッグスリーと違い、日本では退職者の医療費は国が面倒を見てくれるのがその一因だ。

日産は、米国市場でトヨタよりも苦戦している。ここではトヨタに的を絞ることにしたので、日産にはあまり触れないが、トヨタ以上の苦戦中である。

「ノーモア・トヨタ」の烈風が吹くのはいつか

グロスは、トヨタが「従業員により優しく振る舞えるだけの余裕がある」と書いているが、トヨタの財務は悪化を続けている。このことは幾度も書いてきた。私はトヨタがいつの日か「テネシー州にある日産のスマーナ工場」のように、多額の上積み金を提示して希望退職者を募集するとみている。そのときから、テキサス州のサンアントニオの町は荒廃していくのではないかと危惧している。

私はカーアイランドのトヨタ九州について書いた。多くの退職者が出ている。しかし、これは序の口にすぎない。半分近くの従業員が、あるいはもっと多くの従業員が消えていく恐れがある。周辺の下請け工場にも倒産風が吹いている。これと同じことがもうすぐ、テキサス州サンアントニオでも起きる。いつまでも「暇にしている従業員の労働力をどっさり市に提供する」ことなどできない。車を造っての自動車工場である。車を造らない自動車工場は固定費（主として人件費）の大量生産工場となる。トヨタは二〇〇八年よりも〇九年で固定費が増加を続ける。工場を維持し続けるにしろ、退職者に上積み金を提示して早期退職を募集するにしろ、だ。

何よりも、反トヨタの風が吹き出す。それがやがて反日運動となり、「ノーモア・トヨタ」から、「ノーモア・ジャパン」の嵐となる。
グロスの記事を続けて読んでみよう。

〇七年、トヨタは全米一〇カ所の生産拠点に一七〇億ドル以上の投資をし、全体で三万六〇〇〇人以上を雇用している。九五年には一台も自動車を生産していなかったアラバマ州では、昨年、複数の自動車メーカーが八〇万台を生産し、生産台数で全米五位の州となっている。〔中略〕「自動車の生産の雇用は、鉄鋼やタイヤやプログラマーや自動車販売店などでその五倍の雇用を生み出す」と、ワシントンの経済政策研究所の上級国際エコノミスト、ロバート・スコットは言う。

しかし、このエコノミストの雇用の数字は過小評価である。「五倍の雇用を生み出す」のではなく、少なくとも数十倍の雇用を生み出すのである。GMの直接雇用数は約二四万人。GM一社が倒産したとして約三〇〇万人の失業者が出るといわれている。
外国メーカー（トヨタも含めて）の直接雇用者は九万二七〇〇人、間接雇用者は五七万四五〇〇人である。生産台数は全米の自動車の三三%を占めている。トヨタを含めた外国車は二〇〇九年、私の推計では〇八年の二〇～三〇％減となる。アメリカ市場では〇七年の一七〇〇万台に対して、〇九年は九〇〇～八〇〇万台。もっとシビアに予想すれば七〇〇万台まで落ち込む。絶頂期に比して一〇〇〇万台の減となる。そして、儲けの大きい大型車は極端に売れなくなる。低価格の小型車が多少は売れる程度となる。トヨタは現状の人員を半分にしても、固定費を半分に落としても、間違いなく赤字が続いていく。日本からアメリカに送っていた車は激減する。

どうしてトヨタは、アメリカ南部に集中的に工場を建設し続けたのか。

ビッグ3は、全米自動車労働組合（ＵＡＷ）という身内の敵と闘わなければならない。従業員の給与水準は高く、退職者向けの年金や医療コストも膨らんでいる。上院共和党は二〇〇九年中にビッグ3の賃金を日本メーカーと同水準まで引き下げるべきだと主張した。しかし、ＵＡＷは最後まで反対した。ＧＭが倒産寸前にあることを百も承知で譲ろうとしない。

トヨタを誘致した南部諸州はトヨタと協力して組合を組織させないことにした。トヨタは労組加入が強制されない州を選んで工場をつくった、というのが適切な表現かもしれない。なによりも南部諸州には未開発の広大な土地があった。そして、テネシー渓谷開発公社（ＴＶＡ）が提供する安価な電力があった。

私は南部諸州が水不足に悩み、「水戦争」が勃発しているのを憂慮している。農民たちが水不足に悩んでいる。車以外のメーカーは水不足で廃業している。誰も書かないが、トヨタを中心とする自動車工場が水を使い過ぎるのが最大の原因であると私は危惧している。中国が工業第一主義をとり、水不足が深刻になっているように、アメリカ大陸が出来て以来、数百万年にわたって地下に蓄えられてきた水が、ここ二、三〇年の間に急速に消えつつあるのだ。しかし、この報道はごくごく稀にしか伝えられない。共和党の利権がらみと、水を支配するアメリカ陸軍工兵隊がトヨタら日本メーカーを背後から操っているからだ。

アメリカの水資源を管理するのは、アメリカという国が誕生して以来、米陸軍工兵隊である。この工兵隊の指揮官たちは陸軍のエリート中のエリートである。テネシー渓谷開発公社も工兵隊の管理下にある。工兵隊の力添えがない開発は存在し得ないといってもよい。石油精製施設も工兵隊の支配下にある。この工兵隊と共和党は古くから結びついている。安価な電力と豊富な水が保証されて、南部にトヨタをはじめとする外国の自動車産業が進出し得たのである。議会でビッグ3を攻撃するのがほとんどが共和党議員なのは、利権がらみであるからだ。

グロスが書いている記事に戻ろう。「トヨタ礼賛」の声が聞こえてくる。

南部では現在、多くの政治指導者が日進月歩のドイツの工学技術や日本車メーカーのたゆまぬカイゼンの話題に精通している。外国メーカーの工場が、消費者の好みや市場の変化に応じて生産車種を柔軟に変更できることを知っている。デトロイトの工場はほとんどが、車種を容易に変更できない。

自動車製造の歴史がない地域に生産拠点を置くことは、外国のメーカーにとって大きな賭けだった。そこで南部の各州は、法人税減税や補助金、インフラ整備など巨額の優遇措置を競い合った。

アラバマ州は、過去一五年間に一〇億ドル近くをこうしたインセンティブ（大半が労働者の技能訓練用）に使った。見返りに、自動車メーカーや自動車部品メーカーから七〇億ドルの投資を呼び込んだ。

トヨタはアメリカから去ることができない、その真の理由が理解できたであろうか。トヨタが選ぶであろう方策は、間違いなく国内工場の閉鎖であろう。ゆっくりと国内の自動車工場が、たぶん豊田市とその周辺の工場群に収斂《しゅうれん》されていくであろう。もう一度グロスの記事を引用する。

新工場の経済的効果はいくら誇張しても誇張しきれない。テネシー州スマーナは、八三年に日産が進出するまで人口約六〇〇〇人の寂れた町だった。今では人口四万人、その多くが日産の工場で働いている。

「いろいろなものが入ってきて以前より暮らしやすくなったし、日産工場の労働者の収入はとてもいい」。アセンブリーズ・オブ・ゴッド教会のブルース・コーブル牧師は言う。

コーブルはちょうど自動車修理店に行くところだった。その修理店のモットーは「車で天国に近づこう」だ。

グロスの記事は「車で天国に近づこう」で終わっている。車が売れ続けたのは、まさしく、この修理店のモットーを、車の製造会社も販売店も、そして消費者も信じていたからである。しかし、消費者がどんな高価な車に乗っても、行き着く先は天国ではなく、借金地獄であると気づいたのである。車の繁栄の時は過ぎ去ったのは、ごくごく自然の理《ことわり》であったのだ。

クーラーもテレビも、冷蔵庫もパソコンも良質になっていくにつれ、値段は下降したのである。車だけが例外的に値上がりを続けたのである。「車で天国に近づこう」というキャッチフレーズが、まんまと人々を騙し続けていたのである。「もうどうにも止まらない」の時は過ぎ去り、「そろそろ気づいていいコロナ」の時を迎えたのである。人々は「フォードフォードに」車とつき合い始めたのである。「レクサス・レクサス」とサクセスを信じた男たちの物語は終わったのである。

そして何が残ったのか？　売れ残った新車、準新車、中古車が、この地上に残ったのだ。その数量から推察して、二〇〇九年中は車を造らなくても、消費できないほどなのだ。

私は、ここまで書いてきて、大きな懸念を持つようになったので告白しておきたい。カーアイランド九州の久留米・田主丸の耳納山麓の地下水が消えてなくならないかと心配でならない。そして、アメリカ南部の地下水も心配でならない。

もっと明確に書くことにしよう。……車なんてどうでもいいじゃないか。人々よ、目覚めよ。あなたが立つその大地の地下水が、消えてなくなりそうなのだ。

地球は一つの生命体、「ガイア」である。ガイアとは大地の母のことだ。ガイアが今、涙を流して、「もう、私の体をこれ以上傷つけないで……」と悲鳴を上げている。読者よ、心を澄まし、このガイアの声に耳を傾けよ。

日本人よ、「アメリカ人の誇り」に心をくばれ

ビッグ3を救済すべきではないとする説のほうが、救済すべきだという説よりはるかに多い。前述した『ニューズウィーク』のグロスの記事は、反ビッグ3論の上に立っている。アメリカの自動車業界は救済相手としては最も不適格だという説が、圧倒的に多い。ビッグ3が何十年

もの間、消費者に対して傲慢であり、社会の変化に鈍感であったからだというものだ。

二〇〇八年十月の新車販売台数は前年同月比でフォード二九・二％減、クライスラー三四・九％減、GMは四五・二％減。十一月、十二月も悪化するばかりである。

GMの株価は三・五九ドル、フォードは一・五六ドル（二〇〇八年十一月二十四日現在）。GMの時価総額は約三〇億ドルだが、手持ち資金や資産を差し引くとゼロに限りなく近い。GMの社債（償還期限一一年）は、額面一ドル当たり二九セントで取引されている。約一年後に償還期限を迎えるフォードの社債は一ドル当たり四六セントだ。

ビッグ3は、フルモデルチェンジといっても、エンジンや部品が同じで外観だけを変えて車を造ってきた。驕れるビッグ3の中でも、GMとクライスラーはいつ倒産しても不思議でない状況にある。二〇〇八年十二月四日、フォードのアラン・ムラリーCEOは、「フォードが求める金融支援は万一のときのための『セーフティネット』で、実際に使うつもりはない」と生き残る自信を見せた。

フォードは債務内容がGMやクライスラーよりどうしてましなのか。フォードは、「フォード」の商標そのものを含む会社のありとあらゆる資産を抵当に入れ、二三〇億ドルの資金を借り入れた。フォードは二〇〇八年十二月現在でも現金三〇〇億ドルを持つ。また、金融子会社の経営権を維持し続けている。フォードの二〇〇八年度の赤字は十一月末現在ですでに八七億ドル。しかし、アメリカの新車市場が大きく落ち込むなか、二〇〇八年十一月のフォードの市場シェアは一六・一%。前年同月の一四・七%を上回っている。金融支援を拒否したフォードのプライドがアメリカ人の誇りを呼びさまし、GMとクライスラーを見限って、フォード車購入に走ったことの証しであると私は思う。

では、その「アメリカ人の誇り」について考えてみたい。

『週刊東洋経済』(二〇〇八年十二月二十日号)に、自動車ジャーナリストのジョン・ラムが「ビック3の倒産は米国人の誇りを傷つける」というタイトルで一文を寄稿している。

ビッグ3の倒産は絶対に避けるべきだという論調も存在する。そんなことになればメーカーに部品を供給するサプライヤーと一四〇万人の従業員も道連れになってしまい、この国の自動車産業全体が崩壊してしまうという懸念だ。たとえばケンタッキー工場で生産されるトヨタ「カムリ」は七五%の部品を現地生産に頼っており、それらはデトロイトのメーカーと同じサプライヤーから供給されているのだ。

倒産したメーカーブランドの販売が大きな打撃を受けることも間違いない。消費者の八〇%は倒産したメーカーの車など欲しがらないとGMは予測する。その見方は正しいだろう。すでにいくつかの金融機関は、倒産するかもしれないGM車に対するローン承認を渋る一方、トヨタ車やホンダ車に対しては積極的に貸し出している。

ラムは「今日書いたことが明日にはすべて覆るかもしれないから、とにかくタイミングを選んで書き始めるより仕方がないのだ」との前置きをつけている。私はラムの心境でこの本を書いている。私の書いた内容がすべて覆るかもしれない。それで良しとする。

フォードが最後の土壇場で政府からの救済を拒否したのは、「倒産しかねないメーカー」と思われたくなかったからである。

トヨタは「カムリ」の部品の七五%を現地生産に頼っているが、数カ月のうちに日本から送ることが可能であろう。トヨタはGMかクライスラーの倒産を視野に入れているに違いない。ラムは多くの批評家がGMを救済すべきでないと書くなかで、別の視点から検討する。彼は「アメリカ人の誇り」について考えるのである。

ビッグ3の倒産は企業で働く人々の士気、そしてアメリカンスピリットの衰退も招くだろう。傲慢で欲張り、しかも変化を望まない企業風土が批判の的となるのは当然だが、GM、フォード、クライスラーという名前はわが国のアイデンティティと言ってよいほど浸透している。マイクロソフト、アップル、グーグルといった企業が成長する中で自動車産業の存在感が薄らぎつつあるとはいっても、米国の人々は不況にさらされる中でこれ以上祖国に対する誇りを傷つけられたくないと考えている。米国人の自信喪失を防ぐこと、それもビッグ3の倒産を防がねばならない理由だ。

「祖国に対する誇り」からビッグ3の救済を論じている者はごく少ない。多くは、経済的な理由だけで論じる。救済資金を与え続けてもGMの倒産は避けられないのではないか。または、GMに新しい車（ハイブリッド車）を早く造らせろ……。

私はラムの説を読んで、貪欲生産至上主義（貪欲主義）が終焉の時を迎えているのではと考えるようになった。トヨタが、ビッグ3の屋台骨であるピックアップトラックやSUVを大量に造り、大いなる利益を上げていったのは貪欲主義なのではないかと思うようになった。

トヨタは上下両院の共和党議員たち、州政府の役人たちを味方につけて、南部に次々と工場を建設していった。ビッグ3を苦情も言えない状況に追い込んだ。アメリカ人は誰も文句を言わないから、万事良しと思い続けていた。しかし、アメリカ人は燃費の悪い、品質の悪い、ビッグ3の車を外国車より多く買い続けてきた。「もっともっと、レクサスは売れるはずだ」とトヨタは思い続けていたのである。アメリカ人々の半数以上は、どんなに燃費が悪くても自国の車を買い続けたのである。その理由の第一は、間違いなく、「祖国に対する誇り」である。

そして今、アメリカの誇りであり続けたビッグ3が倒産しかけている。トヨタ、ホンダ、日産は、このアメリカ人たちの、傷つけられた誇りに思いを馳せることができないのか。日本人は想像力を働かせて、自信喪失の渦中にあるアメリカ人が、一世紀も前から車を造り、そして日本人が、ビッグ3から技術をすべて学んできたことに思いを駆せられよ。GMもフォードもクライスラーも、その技術をおおらかに教え、そして提供してくれたことに思いを馳せられよ。

スズキについて書くことにしよう。

『週刊文春』（二〇〇八年十二月十五日号）に掲載された「鈴木修が訴える業界の苦境『車はなぜ売れなくなったのか』」は先に引用した。もう一度、この記事について紹介する。

——鈴木氏は先月〔二〇〇八年十月〕十四日、GMのワゴナー会長と電話会談を行い、GMが保有するスズキ株三％（二二三億円）の買い取り要請に応じた。

鈴木　ワゴナー会長からは「資金面で、協力していただきたい」と要請がありました。事前の打ち合わせはしてあったから、電話会議の時間は二、三分です。

GMはウチにとって本格的なクルマ作りの基本を教えてくれた「先生」です。車体からエンジン、デザイン、プラットフォームまですべてGMに教わりました。

ワゴナー会長とは、二五年来の付き合いになります。〇六年にはGMが、保留していたスズキ株二〇%のうち一七%、総額二三〇〇億円を売却しましたが、千五、六百億円ぐらいの売却益が出ているはず。こちらは自己資金があったので買い取ることができましたが、師匠に対していささかなりとも〝恩返し〟ができたと思っています。

鈴木会長兼社長が語る「師匠に対していささかなりとも〝恩返し〟ができたと思います」を読んで、スズキ自動車のリーダーに返り咲いた七十八歳の鈴木の〝スズキ魂〟を知った。「すべてGMに教わりました」と正直に鈴木は語る。だから、人は師に対して〝恩返し〟をしなければならない。このような美しい言葉にめぐり合うことは稀である。続けて鈴木の話に心を開かれよ。

米国では、医療保険も日本と違って企業負担です。現役だけでなく、退職者の医療保険や給付金も含めると、多大な財務負担がGMの経営に伸《の》し掛かってきます。

でも私から彼らの経営に口を挟むことはありません。彼らには彼らの知恵があるから、自分たちで解決しますよ。最悪の事態だけは避けてもらいたいという気持ちだけです。

GMとの提携はこれからも続けていくつもりです。現在も十近いプロジェクトを進めています。GM傘下のドイツのオペルに小型車を供給したり、アルゼンチンやブラジルで車を売ってもらったりしている。燃料電池や環境技術も共同で開発しているから、ウチも退くに退けません。

スズキがGMと組むことで、新しいGMの誕生を期待したい。たとえGMが「連邦破産法一一条（チャプター11）」を適用され破産しても、GMの再生のためにスズキに頑張ってもらいたい。それこそが〝恩返し〟であろう。

次に、マツダとフォードの関係について書くことにしよう。日本経済新聞（二〇〇八年十一月二十日付）から引用する。

フォードは三三・四％保有していたマツダ株の約二〇％を五二〇億円強で売却。十九日に一三％強をマツダの取引先などが、マツダが七％弱（約一七八億円）を自社株買いで取得した。金庫株は自己資本から差し引かれるため、足元の収益悪化も考慮すると、九月末で二八％弱と自動車大手七社で三菱自動車に次いで低いマツダの自己資本比率は〇九年三月末に二七％を下回るとみられ、資本増強が課題となる。

自社株買いでマツダの金庫株の比率は七％台に上昇。井巻久一《いまきひさかず》会長は「当面金庫株として保有しフォード以外との提携は考えていない」と話すが、新興国での事業拡大や環境技術の開発などでさらなる資金が必要だ。

マツダの手元資金は九月末時点で二〇〇〇億円超とスズキなど同業他社に比べて少ない。財務改善が道半ばにある中でのフォード離れだけに「第三者からの協力をどこまで得られるかが注目される」（ＪＰモルガン証券の中西秀樹氏）。

マツダの手元資金は二〇〇八年九月末時点で二〇〇〇億円である。資金難である。だが悩みはそれだけではない。マツダは十二月十二日、国内で一〇万台以上の追加減産を発表した。主力の小型車「デミオ」や中型車「アテンザ」などの大部分の車種が減産の対象となった。一方、フォードは生き残りを懸けて、十二月一日に、傘下の高級車「ボルボ」（スウェーデン企業）の売却の検討に入った。すでに「ジャガー」「ランドローバー」「アストン・マーチン」は売却済みである。マツダも苦しい。しかし、マツダは一九七九年にフォードが出資してくれ、九〇年代の経営危機時には出資比率を引き上げてくれたことを覚えている。マツダと、マツダを支援する銀行は〝恩返し〟をしたのである。

私は、フォードは必ず生き返るとみている。ＧＭとクライスラーとは異なるのである。フォードは自社の「フォード」というブランドまで抵当に入れながらも、最後の最後に国家による救済を拒否したのである。

かつてはGMとの資本関係にあった「いすゞ」と「富士重工業」はトヨタの出資を受け入れて協力関係を深め、下請け工場化した。そのトヨタも、かつてはGMの技術協力を受けて事業を拡大してきた。

GMはトヨタに資金援助を何度も申し入れた。トヨタは黙殺した。ネグレクトである。このトヨタの仕打ちについては書かない。

日本経済新聞（二〇〇八年十一月二十四日付）でいすゞ自動車の飛山一男《とびやまかずお》元社長が次のように語っている。タイトルは「米自動車二社、日本勢の株売却」である。

「GMがこうなるとは夢にも思いませんでした。いすゞが世界に車を売れるようになったのはGMの販売網のおかげです。もしあの提携がなかったら、行き詰まっていたでしょう。

いすゞが社運を懸けてGMから出資を仰いだのは一九七一年でした。三菱重工業とクライスラーの合弁会社として三菱自動車が発足したのも七一年です。経営の悪化したマツダが、フォードと資本提携したのは七九年でした。その後、スズキや富士重工業がGMの出資を受けて、海外事業などで提携してきました」

貪欲生産主義を捨て、共生主義に求める活路

もう一度、「ビッグ3の倒産は米国人の誇りを傷つける」という問題に戻ろう。ジョン・ラムの思想、すなわち哲学に注目してほしい。今、この世を救うのは、新しい見方なのだ。数字ではない。エコノミストの戯言《たわごと》ではないのだ。ラムの語る言葉に耳を傾けられよ。

組み立てラインで働く二〇〇万～二五〇万人、そして国中に散らばるサプライヤーとそれに支えられる数々の小さな街にとって、デトロイトは救済されなくてはならない。統計のうえで数値化される一人ひとりが、現実には熱心に働き、慎ましく暮らす人々なのだ。

私はトヨタを中心に自動車産業について調査を続けてきて、このラムと同じ結論に達した。「デトロイトは救われなくてはならない」と。どうしてか？　もし、何らかの手を日本の自動車メーカーがとらず、売れる車をいかに造り、いかに売るか、それのみを考えていくならば、そう、「貪欲主義」を追求していくならば、日本というカーアイランドは必ずデトロイトと同じ運命を辿ることになる、と断言し得るからだ。私たち日本人はデトロイトが日本の自動車産

業を育成してくれた〝恩〟を知らねばならない。裏切れば、しっぺ返しを受けるのである。

ラムは次のように書いて結論としている。

倒産するのか救済されるのかはわからないが、米国の自動車ビジネスが変貌を遂げることは間違いないし、今までと同じであってはならない。自動車貿易の面でも変化の兆候が感じ取れる。日産、三菱、ロールス・ロイス、ランドローバー、フェラーリ、スズキといったブランドが、コスト削減のため〇九年初のデトロイト自動車ショーへの出品を見送ることを決めた。代わってメインの展示会場に移るのは、中国のメーカー、BYDと華晨金杯（Brilliance Jimbei）である。

さあ、次はどんな出来事が待ち受けているのだろう？

ラムは、「次はどんな出来事が待ち受けているのだろう？」と疑問符を読者に投げかけている。私はこのまま自動車産業が貪欲主義を続けていくと、ほぼ間違いなく、近未来（五〜六年以内）には、中国とインドが自動車産業のメッカとなると思っている。そして、トヨタ、ホンダ、日産も斜陽産業となり、やがて、デトロイト化したジャパン・ビッグ3となる。これが貪欲主義を信奉して、デトロイトを「倒産するか、救済されるか」まで深く追いつめた日本の自動車産業の近未来の偽らざる姿なのだ。日本が救われる術《すべ》があるのだろうか。

私は一つの提言をする。それはいたってシンプルなものである。世界のトップメーカーのトップが首脳会談を開くことである。そして次のようなことについて討論し、決論を得ることである。

●どのくらいの数量の車をつくるかの決定。
●技術は共有して利用する。
●貧しい人々にも買えるような安価な車を目指す。
●今の生産体制を半分以下に落とす。
●鉱物資源、水資源の利用を最小限にすべく小型車中心にする。
●ガソリン自動車、電気自動車の後に太陽電池自動車を創造する。

……以下は読者それぞれが考えられよ。

私が考えるのは、貪欲主義ではなく、共生主義である。共生資本主義と表現してもかまわない。「共に生き存《ながら》える」生産システムをグローバルな視点から、各自動車会社が協同して創造することである。

二十一世紀に入り、私たちの欲望は無限化し、ついに「金融恐慌」と「生産恐慌」を同時に生むに至った。マネーを無限に欲しがり、車を次から次へと買い替えて生きてきた。そして二〇〇八年、この二つの恐慌が一体化したのである。金融恐慌と生産恐慌は、「金融マフィア」と「生産マフィア」によってもたらされた。

金融マフィアはマネーを増刷させて、この地上にバラまいた。人々はバラまかれたマネーをひろい上げて、次から次へと車を買い替えた。

この二つの恐慌から脱出する道はただ一つだけだ。大量にバラまかれたマネーを少しだけ、そう、チャップリンが「ライムライト」の中で言ったように、「サムマネー」だけ拾って、小さな車を一つだけ手にし、一〇年でも二〇年でも乗り続けることである。その時のみ世界は変化する。自動車工場は、町角の向こうの町工場となる。そのとき、恐慌なんぞは過去のものとなる。枯れた井戸から水が湧き上がってくる。森がよみがえってくる。小鳥たちがたくさん帰ってくる。空は昔のようにきれいになる。残業しなくても生きていける人生が待っている。首になったら向こう三軒両隣りが、晩の惣菜を持ってやってくる……。今のような大量生産体制を持つ自動車工場が必要なのかと、私は読者に問うているのだ。

ラムの言葉の中の「米国人」を「日本人」に置き換えて、私は読者にこう問うことにする。

――日本の人々は不況にさらされる中で、これ以上祖国に対する誇りを傷つけられたくないと考えている。日本人の自信喪失を防ぐこと、それも日本のビッグ3の倒産を防がねばならないことだ。

今の日本に、「祖国に対する誇り」がありやなしや。

GMだって倒産しそうなのだ。いつの日かトヨタがそうならないと、誰が言えるのか。

アメリカでは「バイアメリカン条項」をめぐり、議会で論争が続いている。景気対策法案で、米国製品の購入を義務づけようとするものだ。この条項は、公共事業で調達する鉄鋼や衣料品を米国製に限定し、外国製品を米国の市場から締め出そうというものだ。すでに下院では可決されている。

アメリカはなりふり構わず、自国の産業を守る立場を固守するかもしれない。それが、アメリカ人の誇りに火をつける可能性がある。日本人がすでに失った「祖国に対する誇り」が、日本車排斥運動へと向かう可能性もある。

［第五章］

驕れる者たちの宴の時は終わった

「一台買うと一台おまけ」、投げ売りの惨状

サザンオールスターズの名曲「TSUNAMI《ツナミ》」の中に次なる一節がある。

人は誰も愛求めて　闇に彷徨《さまよ》う運命《さだめ》
そして風まかせ　Oh. My destiny
涙枯れるまで
見つめ合うと素直にお喋りできない
津波のような侘《わび》しさに
I know……怯《おび》えてる　Hoo…
めぐり逢えた瞬間《とき》から魔法が解けない
鏡のような夢の中で　思い出はいつの日も雨

私はこの本を書きながら、どこかのところで、サザンの「TSUNAMI」を歌っている自分に気づいた。「ツナミ」という言葉は今やアメリカでも普通に使われる。アラン・グリーン

スパンが「百年に一度の恐慌」であると言ったが、この恐慌とはツナミのことである。どうして私は「津波のような侘しさに」襲われつつ、この本を書き続けてきたのであろうか。私は書きつつ、おこがましくも、

I know……怯えてる　Hoo…

と思い続けていたからである。そうだ、この侘しさに怯えている。私の心に生まれた津波を読者に伝えようと思ったのである。津波はアメリカで発生し、今、太平洋の荒波の中で一日一日大きくなり、二〇〇八年の暮れに日本に近づき、ついに二〇〇九年の一月に上陸したと伝えようとしているのである。

しかし、この期《ご》におよんでも、津波の上陸をいまだに認めようとしない人々が多いのだ。

人は誰も愛を求めて　闇に彷徨う運命
そして風まかせ　Oh. My destiny

今、この二行の詩の意味を深く理解し、絶望に打ちひしがれて、無情の風の中を彷徨《さまよ》う人々がツナミを真正面から受けて、「おお、私の運命は……」と嘆いている姿が見えるのである。

私は無情な男かも知れない。私は人々に津波がいかに巨大であり、冷酷であるかについて書

き続けよう。

朝日新聞（二〇〇九年一月七日付）に驚愕《きょうがく》すべき記事が出た。私はただただ唖然として、正月明けの新聞を読み続けていた。

朝日新聞を購読している人は、あらためて読み直してほしい。まさに「津波」なのだ。見出しは「車投げ売り空回り　二台目は一ドル……米市場、値引き泥仕合」である

米国人の「足」ともいえる自動車が売れない。〇八年の米新車台数は一六年ぶりの低水準まで落ち込んだ。政府から緊急融資を受けて再建を急ぐ米自動車大手は値引き合戦を仕掛け、他社も「ライバルへの対抗策」として参戦する。ただ、景気後退で雇用や収入が不安定ななか、消費者の反応は鈍く、不振の出口は見えない。

朝日新聞のこの記事をダイジェストする。

●クライスラー＝一台買えば別の一台を一ドルで提供、「レッドタグ・イベント（赤札市）」。

●GM＝人気の新型キャデラックを六六〇〇ドル（約六二万円）値引きし四万ドルで売っていた。新車の大幅な値引きキャンペーン。

●フォード＝最大六〇〇〇ドル（約五六万円）の値引き。
●トヨタ＝ローン金利ゼロ％かキャッシュバック。「カムリ」「ヤリス」まで割引対象。

下図の「十二月の米新車販売台数」の表を見てほしい。二〇〇八年、前年比で一八％減の約一三二四万台と急減し、九二年以来一六年ぶりの低水準であった。しかしこれは通年であり、十二月比を見れば三〇％以上の下落である。

クライスラーは「一台買えばもう一台プレゼント」のセールにもかかわらず、前年同月比五三・一％減の販売台数。トヨタは「ローン金利ゼロ％かキャッシュバック」にもかかわらず、三六・七％の大幅減。

二〇〇八年十二月を基準とすると二〇〇九年は私の予想では九〇〇万台か、これを下回る程度であろう。一七〇〇万台であった過去の数字からみると半分程度である。では、朝日新聞の記事を続けて読んでみよう。日本車が大恐慌というア

2008年12月の米新車販売台数

メーカー	販売台数	前年同月比
トヨタ	14万1949台	36.7％減
G　M	22万1983台	31.4％減
フォード	13万9067台	32.4％減
クライスラー	8万9813台	53.1％減
ホンダ	8万6085台	34.7％減
日産	6万2102台	30.7％減

※各社発表から。前年同月比は営業日換算での増減率

メリカの津波に襲われていることが分かるのである。

燃費のいい小型車やハイブリッド車に強みを持つとされてきた日本メーカーも、深刻な販売減に悩まされている。

ホンダの〇八年の米新車販売台数は前年比八％減と比較的落ち込みは少なかった。だが十二月単月では前年同月比三四％減。最もよく売れるアコードも十二月は同二八％、シビックは三六％も減った。「米国が景気後退から抜け出す見通しが立たない」（ホンダ広報）

トヨタの〇八年の販売台数は前年比一五％減。一時は生産が追いつかなかったプリウスの販売すらガソリン価格の低下にともなって一二％減り、乗用車全体の販売は八％減。十二月単月では乗用車販売は三三％減まで落ち込んだ。トヨタの広報担当者は「米国民が車を買おうという気になっていない」と話す。

米国では金融危機が深刻化した九月から十一月の三カ月間で就業者数が一二五万六〇〇〇人も減った。雇用状況の悪化にともない消費も低迷。歳末商戦（十一月二十一日〜二十七日）も、米大手小売店の既存店売上高は前年同期比一・八％減と、七〇年以降では最低の水準だった。ガソリン価格が値下がりしても、低燃費車であっても売れない。トヨタの渡辺捷昭社長は六日、都内のホテルで「今の状況が続くということも考えに入れて手を打たなくてはならない」と話した。

すでにトヨタが米ミシシッピ州で一〇年後半を予定していた新工場の操業開始を遅らせるなど、米国での販売急激を受けた生産態勢の見直しも始まっている。

ついにプリウスも売れなくなったことが書かれている。

ホンダは一九九九年に「インサイト」を世に出したが、超低燃費を狙った二人乗りのクーペで、当時としてはガソリン車世界最高の一リットル当たり三五キロを記録した。しかし、「インサイト」は二〇〇六年に生産が中止された。〇九年に二代目の新型「インサイト」がハイブリッド車として登場した。ホンダは「シビック」「フィット」、そしてスポーツモデルである「CR－Z」を追加して販売する。プリウスも新型が二〇〇九年に発売される。日産もハイブリッド車を開発すると発表している。また、EV（電気自動車）でも三菱、そして日産が二〇〇九年中の発売を予定している。マツダは水素ロータリーエンジンで環境対応車を出す。

私は、どんな車が販売されようとも、アメリカでは勿論のこと、

ハイブリッド車「新型インサイト」（ホンダHPより）

日本でも欧州でも売れ行きが悪化していくと思っている。確かに新しい車の開発は必須条件である、生き残るためには。しかし、市場は一日一日と悪化していくのである。「車投げ売り空回り」の時代に入ったのである。

逆風下で際立つホンダの抵抗力

ホンダは二〇〇八年十二月五日、自動車レースの最高峰F1シリーズから撤退すると発表した。F1のためには年間五〇〇億以上の資金が必要であった。本業の自動車販売台数が低迷し、チームを維持する経費負担が経営を圧迫したからである。

しかし、これには裏がある。一九六〇年代、故本田宗一郎が「技術の実験室」として参戦を決断した。世界最速を求める過程で得た技術が市販車づくりに役に立った。しかし、発進から三秒以内で時速一〇〇キロに達する加速力は、ホンダが進めている小型車で燃費のいい車にとって役に立たなくなってきた。

ホンダ傘下の鈴鹿サーキット（三重県鈴鹿市）で、二〇〇九年秋のF1日本グランプリの三年ぶりの再開に向けて、約二〇〇億円を投じて大規模な改修を進めていた最中であった。ホンダが退けばトヨタだけとなる。二〇〇六年ホンダは一勝したが、〇七年、〇八年度は不振をきわめた。レースの成績不振で、一部の株主からは「宣伝にならないならやめた方がよい」の意見もあった。

F1撤退の発表からほぼ二週間後の十二月十七日、ホンダは二〇〇九年三月期の連結営業損益（米国会計基準）が一九〇一億円の赤字（前年同期は四四五〇億円の黒字）に転落する見通しであると発表した。従来予想は一七九八億円の黒字であった。F1撤退がいかに苦渋の決断であったかが分かるのであった。

通期の世界販売は七％減の三六五万台（当初計画を三六万五〇〇〇台下回る）。特に北米では一四％の減少で、八〇年代以降で初の二ケタ減。さらには円高もあり、三六〇〇億円の減益となった。

ホンダもトヨタと同じパターンである。そして悪いことに、二〇〇八年十月以降の売上げ減が二〇〇九年になっても続いている。二〇〇九年三月期の本決算ではもっと大きな赤字が出ることになるだろう……。

しかし、この私の予測は見事に覆された。日本経済新聞（二〇〇九年一月三十一日付）を引用する。

ホンダは三十日、二〇〇九年三月期の連結決算（米国会計基準）で、最終的なもうけを示す純利益が前期比八七％減の八〇〇億円になる見通しだと発表した。日米欧の自動車販売の失速や急激な円高が響き、従来予想を一〇五〇億円下回る。ただアジアでの二輪車販売の好調が支えとなってトヨタ自動車の赤字転落が見込まれる中でも黒字を確保。逆風下での抵抗力を示した。

ホンダはアジアでは必需品とされる二輪車の生産を続けたこと、大型車ではなく低燃費の小型車に的を絞ったことが、逆風下での黒字となった。

トヨタもホンダの首脳陣も、買わない「現実の顧客」と、買わない「未来の顧客」に頭を悩ませているに違いない。ホンダの「オデッセイ」やトヨタの「セリカ」が若者に売れた時代も過去のものとなりつつある。

トヨタは北米、欧州、中国へと、九〇年代後半から一気に海外工場を展開してきた。二十一世紀はトヨタの時代のはずであった。北米市場が特に伸びた。その分、国内市場対策が疎《おろそ》かになった。〇四年の「グローバル・マスタープラン」では世界販売を八〇〇万台超に定めた。二〇〇四年～〇七年までは順調だった。グローバル・マスタープランが順調に進んだなかで、利益第一主義がとられ、車は高級化し、安い値段で乗れる若者向けの車は次々と生産を中止された。〇六年に「セリカ」、〇七年に「MR－S」が生産中止となった。

私はトヨタが利益第一主義に走り、「レクサス病」に罹り、若者たちを捨てたことに、将来への危惧を持つ。

『週刊東洋経済』（二〇〇九年一月十日号）に、次なる記事が出ている。

あるグループ会社社長は、「最近のトヨタは、〝利益二兆円病〟に陥ってしまっていた」と見る。海外で高くて大きな車が売れれば、利益の薄い国内の若者市場に力を入れる理由がない。そして「いちばん心配なのは、本来、若者の嗜好にいちばん詳しいはずの若いトヨタ社員に〝二兆円病〟が蔓延しているのではないか、ということだ」と危惧する。

私は「レクサス病」と書いてきたが、この「利益二兆円病」も同じ病であろう。

二〇〇八年十二月二十二日、トヨタは二〇〇九年三月期の連結営業損益が一五〇〇億円の赤字となると発表した。トヨタは〇八年四‐九月期決算を発表した十一月六日の予想営業利益は、それまでより一兆円少ない六〇〇〇億円であった。わずか一カ月で七五〇〇億円の下方修正である。二〇〇九年の一月、二月、三月と進むうちに赤字はもっと増えるであろう。「利益二兆円病」はさらに深刻になっていく。

これは日本にとって一大事なのだ。

サザンの歌の「TSUNAMI」の中の一節が心の中に浮び上がってくる。

張り裂けそうな胸の奥で
悲しみに耐えるのは何故《なぜ》？

この病いは日本を破滅に導くような悲しみなのだ。「張り裂けそうな胸の奥で」、私はこの病いをしっかりと受けとめて分析してみよう。

「利益二兆円病」を精神分析する

雑誌『ボイス』（二〇〇九年二月号）の中で、山田日登志《ひとし》（PEC産業センター所長）と西成活裕《にしなりかつひろ》（東京大学准教授）が対談している。タイトルは「トヨタ生産方式〝量の拡大〟を排す現場力」である。副題に「環境に優しい一級品だけが生き残る時代」とある。私はこの二人の対談を読んで、これほど、「利益二兆円病」を精神分析するのに相応《ふさわ》しいものはないと思ったのである。まずは西成准教授の発言の一部を記す。

たとえば、エアコンなど空調機器の製造では、八月や十二月の注文が多い。かといって、繁忙期に合わせて生産設備をつくると、過剰生産になってしまう。その結果、コストの増加はおろか、余分になった人員をリストラせざるをえなくなってしまう。こうした無駄を省くために、製造業の分野では「トヨタ生産方式」が実践されています。そこであらためて、トヨタ生産方式を知り尽くした山田さんに、その秘訣についてお伺いしたいと思います。

西成准教授は『渋滞学』『無駄学』という本を出しているという。私は読んでいない。彼は道路の渋滞について研究しているうちに、製造業の分野における「カイゼン（改善）」に行き着いたという。山田日登志の答えを見よう。

トヨタ生産方式の要諦は、「必要なものを、必要なときに、必要なだけ」調達し、生産する「ジャスト・イン・タイム」です。その反対が過剰生産で、クリスマスのケーキやバレンタインデーのチョコレートのように、流行に乗ってつくりすぎてしまうことです。大量生産は大量廃棄を生み、地球環境の悪化をもたらす。そろそろ、この無駄をおかしいと思わなければいけません。

私はトヨタの「ジャスト・イン・タイム」方式については学んできた。しかし、この対談記事を読むまでは、この方式とか、トヨタ車の数多くのリコール問題とか、従業員の待遇とかについて、この本では一切書くまいと決心していた。しかし、この山田日登志の語る言葉の端々に、いささかの怒りを覚えたから書くことにする。それはまさに、「利益二兆円病」に罹ったトヨタの精神分析にも結びつくからである。

「ジャスト・イン・タイム」とは、トヨタが、単なる組立て工場であることの何よりの証しである。下請け企業に、一日一日、否、一時間一時間、正確な納入日時と納入部品を指定する。トヨタにとって、毎日毎日、一分に一台の車を造ろうとすれば、狂いなく車は出来上がっていく。西成准教授が「どうすれば渋滞がなくなり、かつ無駄な道路をつくらずに済むかを考えて『カイゼン（改善）』に行き着きました」と語るのは、精神分析学からみれば、正常を脱し、異常さえ超えている。

「ジャスト・イン・タイム」があるために、さらにはトヨタ以外の〝脳病み〟企業がこぞってこの方式を真似たために、朝八時〜九時ごろ、日本全国津々浦々の自動車工場周辺で車が渋滞する。どうしてか。トヨタの「ジャスト・イン・タイム」のために、開門前にトヨタとトヨタ・モドキの工場の搬入口に着いていないとジャストに納品できないからである。日本中の自動車工場周辺の道路の渋滞、無駄は「利益二兆円病」によって生まれたといっても過言ではない。この件については、前掲の横田一・佐高信＋「週刊金曜日」取材班による『トヨタの正体』を読まれるがいい。

それだけではない。トヨタの「ジャスト・イン・タイム」方式は人間をモノとして扱ったために、「モノ人間」を大量に生産した。車が正確に一分に一台出来上がっていくために、人間はモノ時計の一部と成り下がった。トヨタの従業員にいかに精神疾患が多発するかを告発した本は多い。その一冊に渡邉正裕と林克明による『トヨタの闇』（ビジネス社、二〇〇七年）がある。私はここでは紹介しない。その疾患は間違いなく「利益二兆円病」から伝染したものである。この病を媒介するウィルスが「ジャスト・イン・タイム」である。

山田日登志は、トヨタの「ジャスト・イン・タイム」が「必要なものを、必要なときに必要なだけ調達し、生産する」と書いているが、これは「利益二兆円病」患者たる三河田舎侍の成り上がり者の妄言である。下請け企業は、トヨタに「必要なものを必要なときに、必要なだけ」納入するために、無駄に無駄を重ねて、〝脳病み〟から半永久に脱出できず苦労しているのである。下請けは夜も眠れない。

「その反対が過剰生産で、クリスマスのケーキやバレンタインデーのチョコレートのように、流行に乗ってつくりすぎてしまうのです」と山田日登志が語るのは、まさに正解である。トヨタ車はまさに、クリスマスのケーキのように、あるいはバレンタインデーのチョコレートのように、流行に乗って造り過ぎてしまったのである。しかし、ケーキやチョコはつくり過ぎても、世界経済に影響を与えることはない。だが、トヨタの大量生産は金融恐慌を引き起こすファクターとなり、アメリカでもヨーロッパでも、その国の自動車産業に大打撃を与えて、大量の失業者を生んだのである。「環境に優しい車」だからいいではないかというが、環境に優しい車などというものはこの世に一台もないのである。続けて読んでみよう。

私にトヨタ生産方式を教えてくれた故・大野耐一先生（トヨタ自動車元副社長）は、「〝ムダ〟と〝ムリ〟は〝ムラ〟から生まれる」とおっしゃいました。曰く、二十四時間という時間は等しく流れ、そこにはいっさいのムラがない。一日が八時間であったり十時間だったりすることはなく、必ず二十四時間と決まっている。対照的に、モノが売れたり、売れなかったりするのは、人間の行為にムラがあるからだ、と大野先生は考えられた。そこから生まれたのが、現場の人や物、生産工程のムラやムリ、ムダをなくすトヨタ生産方式です。

山田日登志はこの「ムダをなくすトヨタ方式」を「大野哲学」と名づけている。この二人の対談についてはこれ以上書かないことにする。わざわざ頁を割いて記すほどの価値はないからである。

「ムダ、ムリ、ムラ」を排除して、トヨタ方式は大量の車を造り出した。二〇〇九年一月現在で、トヨタは間違いなく、販売店に行っている新車、工場ないし駐車場にある車、造りかけた半完成車を入れて、販売予定台数の半年分以上を持っている。ムダ、ムリ、ムラを排除して大量生産された車は、販売するのにムリが出て、販売数はムラとなり、そのほとんどはムダとなった。今や、トヨタの「グローバル・マスタープラン」がトヨタ方式と相容れないものとなった。これが私のトヨタの「利益二兆円病」の精神分析である。

日産ゴーン社長が語る「日本経済三つの危機」

日産自動車のカルロス・ゴーン社長は二〇〇八年十二月十五日、主要メディアを集めた懇談会で、「日本経済はきわめて危うい。このまま事態を放置すると日本経済の牽引役だった自動車産業などの製造業が大きな打撃を被る」と語った。そしてゴーン社長は日本が直面する三つの危機についても詳述した。ここで、カルロス・ゴーンが指摘する「日本経済の直面する三つの危機」を箇条書きにする。

（一）急激な信用収縮が起き、長期の投資資金だけでなく、足元の運転資金さえ枯渇しかねない。

（二）深刻な需要減退。米欧での顕著な新車販売額の減退。先行不安から消費者は財布のひもを引き締めた。

（三）急激な円高による製造業の弱体化。

ゴーン社長は「今は非常時で、政府の役割増大は理にかなったものだ」と語り、日本政府の対処策を求めた。

ゴーンが語った信用収縮については幾度も書いてきた。一つの信用収縮が次の信用収縮を招く「負の循環」が、米国GDPの七割を占める個人消費の落ち込みを誘った。今やアメリカのローン市場では、「自動車ローンの審査通過が以前の九割から六割に減少している」（二〇〇八年十一月）。二〇〇九年にはその六割がさらに落ち込んでいる。この自動車ローンの審査通過率から見ても、二〇〇九年には二〇〇六年〜〇七年の米車新車販売台数の半分近くにまで激減すると私はみている。

私は日産についてはあまり書かなかった。日産はトヨタのミニ版と思っていただきたい。トヨタと同じようにアメリカで大苦戦中である。日産はトヨタと同じように、十一月末から大々的な北米キャンペーンをテレビを中心に展開した。「日産がご提供します（Nissan Delivers）」。自動車ローン・ゼロ％の金利キャンペーンであった。しかし、結果はトヨタと同じように前年比三〇%以上の落ち込みとなった。日産はアメリカで資金調達のために債券を発行したりして金策に走っている。トヨタ同様に赤字続きなのだ。

『週刊朝日』(二〇〇八年十二月五日号)の記事を紹介したい。「トヨタ業績不振でニッポンが沈没する　三六万人が失業か!?」。トヨタが赤字決算の予測を発表(十二月二十二日)する前にこの記事は書かれている。

トヨタ自動車の勢いに急ブレーキがかかった。世界規模の景気悪化で販売台数が落ち込み、今年度の業績見通しを大幅に下方修正したのだ。トヨタ関連の工場で働く期間従業員は職を失い、関連する膨大な人たちが財布のひもを固くする。日本最大の企業が転べば、日本経済全体が共倒れしかねないのだ。

以上が前書きである。『週刊朝日』も大津波の襲来を予測する。「第一生命経済研究所の永濱利廣エコノミストの分析をもとに編集部が計算」したという「トヨタの国内生産額が二割減ると(主な産業の減少額)」が表示されている。

それによると、GDPの一兆三六五七億円が消えるとされる。内訳は、輸送機械=五八四九億円、商業=一〇八五億円、教育・研究=八一九億円、不動産=六三二億円、金融・保険=五

二五億円、運輸＝四二三億円、鉄鋼＝三三五億円、電気機械＝三三二億円（以下略）。

続けて『週刊朝日』を読んでみよう。

日本最大企業のトヨタの不振は、さまざまな方面に悪影響を及ぼす。一台の自動車を組み立てるのには二万〜三万点の部品が必要だ。関連の就業人口は国内全体の七・九％にあたる五〇一万人にのぼるという。

中でも「被害」を真っ先に受けるのは、関連工場が集積する愛知県だ。

「愛知県内の自動車生産が年間通して二割減ると、県内だけで二〇万人超が失業する計算です」（共立総合研究所の江口忍・主席研究員）

これは「ニッポン沈没」に直結する。なぜか。

「近年の日本の景気回復を支えたのは中部地方の鉱工業生産だけでした。それが落ち込めば、逆回転して日本全体の景気も悪くなる」（第一生命経済研究所の永濱利廣・主席エコノミスト）

永濱氏によれば、日本の自動車生産額が年間で一割減ると、国内総生産（GDP）が一兆八八八〇億円落ち込み、五〇万八〇〇〇人が失業するという。大ざっぱではあるが、昨年度の自動車生産台数の三分の一強を占めるトヨタで二割の減産が一年間続くと、一兆三〇〇〇億円超のＧＤＰと三六万人強の雇用がそれぞれ消えるという計算もできるのだ。

正直に告白することにしよう。私はこの『週刊朝日』の記事を読んでいたときは、二〇〇七年に刊行した拙著『金の値段の裏のウラ』の続篇を書くべく資料集めをしていた。そして格別な興味をこの記事には持たなかった。私は十二月二十二日の「トヨタが赤字決算」という発表を新聞各紙で読み、テレビで見て、本当に「トヨタショック」を受けたのである。そして再び、この記事を読みつつ、「愚かだった。大津波が今、日本に襲いかかろうとしているのに、気づくのが遅かった」と思ったのである。

私は資料を手元に集めた。関連書数十冊、日経新聞を中心とした過去一年分の自動車関係の新聞記事、一〇を超える経済雑誌の中から一年分の自動車関係の資料……私は資料を読みに読み続け、この本を世に出すべく努力してきた。急げ！　急げ！　という内なる声が私に迫る。「大津波」が日本に襲いかかるのが眼前に見えてくる。

スズキ会長の確信予言、「大津波は時間差で到来する」

朝日新聞（二〇〇八年十二月二十四日付）に「二十三日付の米紙ニューヨーク・タイムズは、

トヨタ自動車が〇九年三月期の連結営業損益の赤字予想を発表したことを『販売減でトヨタでさえ赤字』と一面トップで報じた」という記事が出た。また同紙には「ウォールストリート・ジャーナル紙も一面トップで『トヨタが米三社と同じ問題に遭遇している』と指摘」との記事も出た。トヨタの赤字予想の発表は、世界中に広く報じられたのである。

アメリカの格付会社スタンダード・アンド・プアーズ（S&P）はトヨタを、十二月十七日、最上位の格付け「AAA」の見通しを「安定的」から「弱含み」に引き下げている。ムーディーズも「AAA」から引き下げる方向で見直すと、二十二日に発表した。

日本経済新聞（二〇〇八年十二月二十五日付）にスズキ会長兼社長の鈴木修がインタビューに応じた記事が出ている。

——自動車産業が回復に向かうのはいつごろか。

「今が底ではない。米ビッグスリーの経営危機の影響が、まるで津波のように時間差で日本に押し寄せるとみている。（津波の到来は）来年〔二〇〇九年〕七‐八月ごろだと思う。これが今回の自動車不況の一番の底になるのではないか。今までは全治五年とみていたが、三年に短くなるか一〇年に延びるかは、来秋の状況によるだろう」

「今後は日本でも一〇社を超す自動車メーカーが〝ビッグスリー〟に集約されるかもしれ

ない。そんな事態を想定して経営しようと決意している」

「時間差で日本に押し寄せるとみている」に注目したい。そうなのだ、時間差で次から次へと太平洋を越えて、この津波は押し寄せてくるのである。小津波、そして中津波……そして、二〇〇九年の七月か八月ごろに、大津波が日本を襲うと鈴木社長は予言する。「三年に短くなるか一〇年に延びるかは来秋の状況によるだろう」と鈴木社長は予言する。

これほどの大津波が七～八月ごろにやって来る、という鈴木説に、私も多少の相違点があるが賛成する。二〇〇九年四月に入ると、その大津波が近づいたことを多くの人々が知るようになる。パニック状態がやってくる。そのパニックが、五月、六月を過ぎて七月～八月にクライマックスに達する。

鈴木社長にはそこまでがはっきりと見えている。だが、その結果は見えないと正直に語っている。見えるものと見えないものが、近未来の予想においてもある。私は一〇年に延びて、その一〇年後には、二〇〇一年～〇八年までの世界とはまるっきり異なった世界が存在しているように見える。「覆水盆に返らず」の世界が見えてくる。「ノーリターン」の世界である。私は近未来を見ようとする。しかし、この一〇年後の世界はどう表現すればいいのだろう。まるっきり異なった世界なのだ。

どうして人間はこんなに変わってしまったのであろう。あの華やいだ世界はどこに消えてしまったのだろうか。

読者は疑うにちがいない。どん底に落ちた経済はV字型に回復し、また、二〇〇七年当時の繁栄の時を迎えるのではないのかと。そうだ、ほとんどのエコノミストはV字型経済復活を信じている。しかし、私の冥想の中で見る世界は全く異なっている。どん底に落ちた経済は、鈴木社長の予言のように三年か一〇年、底をさまよい、そして、どん底のまま、多少の上昇をたどったまま、V字型の夢を忘却し、彷徨《ほうこう》し続けるのだ。

私には一つの確信的な理論がある。その理論を終章で書くことにし、トヨタの二〇〇九年の一月に戻ろう。近未来のビジョンを確認するためだ。大津波がどのように襲ってくるのか？読者よ、あなたは心の準備をすべきなのだ。いつ？　今すぐに、今すぐに……。

未体験ゾーンに入り込んだ日本経済

「利益二兆円病」のことを、それまでトヨタに遠慮していた一般の新聞や雑誌までが「大企業病」と書くようになったのは二〇〇八年十二月、トヨタが赤字決算の予測を発表した後である。トヨタの渡辺捷昭社長が〇六年九月二十日、東京での経営説明会で、二年先の〇八年に世界販売計画を九八〇万台としたときに、「利益二兆円病」の最初の兆候が見られたのである。それは表現を変えるならば、世界の販売台数でGMを超えて世界一になるというトヨタの野望の表明でもあった。

トヨタの病いがはっきりと見えてきたのは、渡辺社長の〇六年九月二十日の発表から二カ月が経った後の十一月、テキサス工場で大型ピックアップトラックの生産を開始したときである。トヨタがこのテキサス工場で利益を生んだ期間はほんの一年足らずの間であった。

トヨタにとって病状を重くしたもう一つの原因は、トヨタ自動車九州に象徴的に表れている。それは、欧米向け中心の高級車レクサスやSUVが、全輸出の九割に達していたことである。二〇〇九年に入った一月、トヨタ九州の生産台数は前年比半分以下であろうと推測する。もしかすると、ほとんどの従業員は草むしりでもしているのではないだろうか（この文章を書いた後、私がトヨタ九州工場を訪れたのは「序」で記した。二月七日付の朝日新聞は、「トヨタの従業員が「ボランティア隊」と称して「月内にも古墳の見学路整備や道路の清掃などを始める見込みだ」と報じている）。

二〇〇八年七月上旬、豊田市で開かれた副社長以上が集まる幹部会議で、トヨタの首脳たちは初めて、米国の自動車市場の惨状を知るのである。その結果がテキサス工場の三カ月間の全面操業停止となる。この間の事情はすでに書いたとおりである。

二〇〇六年からトヨタが拡大路線をとるようになったのは、アメリカのバブルの最盛期が二〇〇六年であったことと一致する。私はこの点も詳述した。アメリカ、ヨーロッパ、中国とトヨタが工場を建設し続けたのは、アメリカで自動車が、特にピックアップトラックが売れて、大きな利益をトヨタにもたらしたからである。朝日新聞（二〇〇八年十二月二十七日付）の記事を見よう。「大企業病」という言葉が出てくる。

今年五月、トヨタ自動車が乗用車カムリを生産する中国・広州市で、ある日系部品メーカーに設備増強を求めた。

しかし、このメーカーの親会社首脳は「過剰設備になるから、絶対に応じてはいけない」と現地幹部に厳しく命じた。広州市周辺の企業経営者らがカムリを買い控えているとの情報を手に入れていたからだった。十一月に入って、トヨタの中国販売台数は前年同月比二一・四%減と四年四カ月ぶりの前年割れになった。このメーカーは余剰設備を抱え込まずに済んだ。

この首脳は「トヨタは長らく『販売は伸びるもの』という経験が続いたため、悪い情報が上層部まで伝わらなくなっているのでは。大企業病だ」と案じる。

トヨタの上層部に「悪い情報」が伝わらないのは、トヨタが「ジャスト・イン・タイム」方式を徹底して実施したからである。上から一方的に情報を流し続けて、一分一秒の狂いがないように人間を操り、モノ人間と化したからである。先に『ボイス』誌の対談記事を一度引用し、途中でもう引用しないと書いたが、この部品メーカーが「大企業病だ」と語ったのを知って、私はどうしても、山田日登志の発言に異議を唱えたくなった。

●トヨタ生産方式が掲げる「七つのムダ」の中で、最悪なのは「つくり過ぎのムダ」です。しかし、現場の人は誰もつくり過ぎだと思っていません。営業の需要予測やスタッフの計画と指示に従ってつくり、欠品するのを恐れるからです。でも往々にして、そんな現場ほど単純な方法で「カイゼン」できるのです。

●トヨタ生産方式はノウハウとして捉えると、必ず失敗します。トヨタ生産方式は方法ではなく、「哲学」です。哲学を身につける手段は、自分で考えて編み出さなければいけない。

●マニュアル頼みの人間が多く生まれた原因を考えると、どうも人を育てるということについて、意識が低すぎるのではないでしょうか。

●トヨタ生産方式の究極の目標は、大量生産という思想を捨て、一人ひとりが求める志向に合わせて製品をつくることです。そのほうが企業も儲かるということを私は一生かかって証明したい。

このような文章を読むのはとても息苦しい。「トヨタ哲学」によって、この「貧しすぎる哲学」によって、私たち日本人のほとんどが「利益二兆円病」、あるいは「大企業病」、またあるいは「レクサス病」が創造した、世にも恐ろしき未体験の領域に放り込まれたのである。「トヨタ生産方式の究極の目標」が何であるかを読者は知り得たであろうか。それは「一人ひとりが求める志向に合わせて製品を造ること」ではなく、世界販売計画を実行に移し、二〇〇八年中に一〇〇〇万台を達成し、世界一の自動車会社、否、世界一の大会社を創り上げることであった。それが真実のトヨタ生産方式である。

たしかにトヨタは日本にひとときの繁栄をもたらした。私たちはトヨタのお陰で、〝おこぼれ〟をいただいた。派遣社員も、派遣社員が住む寮を建てた工務店も、寮の周辺のバーや一杯飲み屋も、キャバクラやソープのお姉さんも……みんなみんな、ひとときの〝おこぼれ〟に与《あず》かった。

『アエラ』(二〇〇九年一月十九日号)から引用する。タイトルは「『トヨタ不況』末端地獄」である。

そこは、無人の街だった。

トヨタ自動車の田原《たはら》工場（愛知県田原市）に近い団地群である。駐車場はほとんど空っぽ。人が暮らしている気配もない。だが、つい最近まで全国から集まった期間工が住んでいた。

スポーツバッグを担いだ青年（二二）がぽつんと、駅に向かうバスを待っていた。

「ボクも、おしまいです」

九州から期間工として働きに来た。

「先週、契約を延長できない、と言われ、クビです。期間工を全員解雇するそうです。今の職場で残っているのはすでにボクだけでした」

三河湾に突き出した渥美《あつみ》半島。キャベツ畑が広がる農村地帯の先に、工場がある。青年は昨年十月まで高級車「レクサス」をつくる工程で働いていた。

愛知県に集中するトヨタ直営の一二工場では、二〇〇八年三月末の時点で、彼のような期間工を九〇〇〇人雇用していた。だが、世界経済の暗転で急速に減らされ、〇八年十月末に六〇〇〇人に。今年三月末には三〇〇〇人程度になる。

トヨタ直営の一二工場を中心に多数の下請け工場がある。これらの工場からも臨時工が消えていった。しかし、二〇〇八年の暮れから始まった解雇の波はまだこれからが本番である。『週刊朝日』(二〇〇八年十二月五日号)で紹介したのは、「トヨタの国内生産額が二割減ると」であった。この時点で「国内総生産が一兆八八八〇億円落ち込み、五〇万八〇〇〇人が失業する」というのである。

しかし、事態は一日一日と悪化している。未曾有《みぞう》の危機のなか、日本人は未体験の領域に入っていく。私たちが見たことも、聞いたこともない大津波が襲ってくる。スズキの鈴木修会長兼社長が語っているように、それは「二〇〇九年の七月~八月」にたぶんやってくる。どんな大津波が襲ってくるのか、私は次項で予測してみる。私の予測が当たらないことを祈るのみだ。『エコノミスト』(二〇〇九年一月二十七日特大号)から引用する。「雇用無残」のタイトルがついている。

雇用悪化はまだ序盤戦

厚労省は、昨年〔二〇〇八年〕十月から今年三月までに失職する非正規労働者は全国で八万五〇〇〇人に上るとの見通しを発表した。しかし、大和総研は一月九日にまとめたリポートで、正規・非正規を合わせ、昨年十二月から今年十一月までに二七〇万人もの雇用が失われる可能性があると予想した。〔中略〕日本経団連の御手洗冨士夫会長も、「派遣村」

に象徴される失業者増について「急激な減産に追い込まれた企業が雇用調整に入った。非常に遺憾なことだ」と述べた。しかし、自身が会長を務めるキヤノンも、九州の子会社で大規模な人員削減を進めている。

御手洗冨士夫（日本経団連会長）については後述する。

大和総研の「二〇〇九年中の失業者二七〇万人説」には真実味がある。次に政府関係者の発言が出ているので、続いて引用する。

河村達夫官房長官は一月五日の定例会見で「企業が内部留保をこういう時に活用することが非常に重要なことだ」という考えを示し、与謝野馨経済財政担当相も九日の衆院予算委員会で「何兆円もの内部留保を持つ企業が時給一〇〇〇円足らずの方の職を簡単に奪うことが本当に正しいのか」と、企業経営者の姿勢に疑問を投げかけた。

内部留保に相当する利益剰余金は〇八年でみると、トヨタ一二兆四〇八五億円、キヤノン二兆九〇四九億円、ソニー一二兆五九三億円。しかし、非正規労働者の雇用を守るため、内部留保を取り崩そうとする企業は皆無だ。

その「皆無」の理由を「グローバル競争での生き残りをかけて、不況期でも将来に向けた技術開発、M&A（企業の合併・買収）、円高の影響を避けるための海外製造拠点の整備など、中長期の競争力強化に目が向いているからだ」と書いている。たしかに、この〝皆無〟の理由としては一理ある。しかし、私はもっと単純に考えている。

トヨタは、人件費という固定費が経営を圧迫するという逼迫した状況下にある。非情に徹しなければいつの日か、GMのような運命の日がやって来るのを知っている。その日こそが、「トヨタが消える日」である。

トヨタの有利子負債は一二兆七九八〇億円である（『会社四季報』二〇〇九年1集）。この額は、三菱商事、三井物産、住友商事の総合商社トップ三社の総計よりも多い。有利子負債とは、長・短期借入金、償還社債、CP、社債、長・短期債務の合計である。トヨタはこの巨額の有利子負債を支払い続けなければならない。

トヨタは今、万単位の無用に近い、正規社員と非正規社員を抱えている。だから、二〇〇九年三月期決算予想を発表した後に、モノと化したモノ人間たちが、数万単位で解雇されていくことになるのだ。内部留保に相当する利益剰余金は、生産が半減する状況下では、あっという間に消える運命にある。

車が売れ続けてこその利益余剰金の約一二・六兆円である。この金で、株価の下落を防ぐべく、自社株の買い付けを続けなければならない。ローンやリースの損益金の穴埋めを続けなければならない。売上げ確保のためには、報奨金の上積みをしなければならない。解雇者への退職金にも充てなければならない。二〇〇九年から数年間にわたって、工場を一時操業停止、そして最悪の場合は閉鎖しなければならない。

販売台数が七〇〇万台を切り、六〇〇万台前半に落ち込むか、為替が一ドル＝八〇円台に振れれば、二〇一〇年三月期には兆円単位の赤字が出る可能性がある。

『週刊ダイヤモンド』（二〇〇九年二月十四日号）から引用する。

「米国の新車市場の一〇〇〇万台という水準は、二億五〇〇〇万台の保有台数で考えると一五年に一回クルマを買い替えるという計算になり、明らかに異常値。いつか回復するだろう」と〔豊田〕章男次期社長は語る。実際トヨタ首脳は「〇九年は一二五〇万台の攻防になる」と予測している。

私は九〇〇万台から八〇〇万台の間であろうと書いた。ＧＭでさえ一〇〇〇万台と予測しているのだ。この差はあまりにも大きい。

トヨタは二〇〇九年から、その規模を上手に縮小しなければ、「トヨタが消える日」が現実味を帯びてくる。そのときは株価がＧＭやフォード並みに下落し、倒産の声がささやかれだすだろう。「利益二兆円病」はそれほどの恐怖なのである。

電気自動車は果たして救世主となるか

日本経済新聞（二〇〇九年一月二十四日付）から引用する。見出しは「自動車国内生産四割減一－三月八社見通し　トヨタは半減」である。

トヨタ自動車など乗用車八社の今年（二〇〇九年）一－三月の国内生産台数は一七〇万台前後にとどまり、前年同期を四割強下回る見通しになった。減少幅約一三〇万台は過去最大とみられる。トヨタが二、三月に生産を半減するほか、日産自動車やホンダは三－四割の減産に踏み込む。世界的な新車需要の急減に対応し、在庫の大幅圧縮を目指す。自動車の生産急減が部品や素材、工作機械など周辺産業に打撃となるのは避けられず、雇用調整圧力も一段と強まる可能性が高い。

この新聞記事を読んで、読者は頭の中で、どれだけの失業者が出るのか想像できるであろうか。私は『週刊朝日』の記事を幾度も引用した――「昨年度の自動車生産台数の三分の一を占めるトヨタで二割の減産が一年間続くと、一兆三〇〇〇億円超のGDPと三六万人強の雇用がそれぞれ消えるという計算もできるのだ」――。もしトヨタが、日経新聞の記事にあるように生産を半減し続けたら、トヨタだけで一〇〇万人以上の雇用者の減となる。それに三分の二の日産、ホンダ、スズキ、三菱が加わる。大まかに計算すると、一－三月期と同じように推移したとしても（現実はもっと厳しいと予想している）、自動車業界だけで、三〇〇〇万人の雇用者が解雇されるということになる。

しかし、下請け工場でどれだけの雇用者が消えていくかはだれも推測し得ない。一台の自動車を造るのに二万点以上の部品が要る。これらの部品を造るメーカーがほとんど消えていく。三〇〇〇万人の解雇者は、あくまで一－三月の車の販売の予想値である。家電その他の輸出依存型の企業も自動車業界と同じような状態にある。ここでは追求しない。

トヨタが工場の操業停止に入ったのは二〇〇九年一月六日からである。二月～三月の操業停止日を一一日間にすると発表してからである。特にトヨタ自動車九州は一月の休みを予定より四日増やすとしている。一月の休みは一五日間。「レクサス」の販売不振が深刻化している。トヨタは一部の休止日を「完全休業日」、すなわち賃金を無支払いとすべく労働組合と交渉に入った。派遣社員や臨時工は解雇の対象に入ったが、本工も残業なし、完全休業日が増えて大幅な賃金カットが一月から続いている。しかも一－三月の三カ月でもトヨタ全体で五割の生産減である。「去るも地獄、残るも地獄」となっている。特にアメリカ向けの高級車を造ってきた田原市の田原工場と宮若市のトヨタ九州工場はほとんどの生産ラインがストップ状態にある。

下請け工場とはいえないが、ベアリング大手日本精工が一月六日、派遣社員の八割に当たる約二〇〇〇人を削減すると発表した。主力としている自動車向けの部品の受注が減少したためであった。

三菱自動車の主力工場である水島製作所（岡山県倉敷市）は一〇〇〇人の非正規労働者を追加削減すると発表した。この数日後、私はある民放の深夜テレビを見て驚いた。三菱自動車は正社員がアルバイトをするのを認めたというのである。社員たちがハローワークに殺到していた。ここでもトヨタ同様、大幅な賃金カットが進んでいる。

日本経済新聞（二〇〇九年一月十日付）から引用する。

トヨタ九州の今年一－三月の生産台数は前年同期比六割減の四万台にとどまる見通し。日産九州工場も一－三月は六万－七万台程度の見通しで、四半期ベースの九州の自動車生産台数は前年同期を四割程度下回る。

新車の生産台数が激減するなか、世界最大級の自動車イベント、北米国際自動車ショーが二〇〇九年一月十一日、ミシガン州デトロイトで開かれた。しかし、出展を見合わせる企業が続出した。日産、スズキ、三菱、独ポルシェなどは出展をやめた。トヨタ、ホンダは出展したが、例年のような盛り上がりには欠け、期待薄のショーとなった。

トヨタは、このショーで二〇一二年にも新型車を北米で発売すると発表した。

下図の「各社が打ち出した環境戦略」の一覧表を見てほしい。EV（電気自動車）とHV（ハイブリッド車）である。しかし、デトロイト3（今やビッグ3の名は消えつつある）はEVを発表しているが、肝心要のリチウムイオン電池の開発の途中である。

各社が打ち出した環境戦略

メーカー	技術	内容
トヨタ	HV	新型「プリウス」
	HV	レクサス「HS250h」（コンセプト車）
	EV	リチウムイオン電池搭載「FT-EV」（コンセプト車）
	EV	2012年までに北米投入を発表
GM	EV	キャデラック「コンバージ」（高級セダンのコンセプト車）
	EV	米にリチウムイオン電池の工場新設
フォード	EV	北米で2012年までに4モデルを発売へ
クライスラー	EV	セダンやスポーツタイプなど3コンセプト車を発表
	EV	2010年に北米で最初のEV車を発売、2013年までにさらに3モデルを発売
ホンダ	HV	新型「インサイト」
ダイムラー	HV	リチウムイオン電池搭載のコンセプト車

※ＥＶは電気自動車、ＨＶはハイブリッド
※日本経済新聞2009年１月13日付を参考に作成

私は三菱自動車が近々、電気自動車を発売すると書いた。三菱自動車が開発したEVは一回の充電で約一六〇キロの走行が可能で、都市部での営業活動や買い物に十分に対応できる。しかし、リチウムイオン電池の生産コストが高く、現段階では普及の目途が立っていない。

デトロイトのショーに登場させた各社のEVが自動車産業の未来に光明をもたらすのであろうか。たしかに走行中に二酸化炭素（CO_2）を排出しない。しかし今、各社が目指しているのは、実現可能な小型で軽量なリチウムイオン電池を搭載した車である。電気自動車の普及によって、将来は別として、車は小型化することになる。二万点ともいわれる部品は限りなく減少していく。経済学者たちが口を揃えて言うような、自動車メーカーにとって輝かしい未来があるわけではない。

「仕方がない。これしかない」というのが自動車メーカーの本音であろう。そして、ほぼ間違いなく、日本のメーカーが先行してEVを量産し、世界に向けて売り出す。日本のメーカーは、EVによる再生を期待している。GMは自動車ショーに合わせて、リチウム電池の専用工場をミシガン州に建設すると発表した。しかし、予定の工場の敷地はあるが空地のままである。金融不安に陥っているGMは工場すら建設できない。フォードはこのショーに先がけて一月十一日、GMよりも一日早く、二〇一二年までに四モデルの電気自動車を出す計画を発表した。

米政府もGMとクライスラーへの財政援助への条件として、「環境に配慮した車の開発を急げ」と命じた。GMとクライスラーは、二月中旬までに経営再建策を提出しなければならない。三月末までに政府の承認を得ることになっている。債務の大幅圧縮が迫られている。EVでも、GMとクライスラーは一歩も二歩も遅れをとっている。

オバマ新大統領はデトロイトの案山子《かかし》である

オバマ新大統領はデトロイトの支援を受けて大統領への道が見えた。まったく無名だった黒人青年政治家はゴールドマン・サックスを中心とした金融勢力と全米自動車組合、デトロイト3の力で見事に操られ、大統領になった。この大統領はこの二つの勢力と軍産複合体が操る完全な案山子《かかし》である。従って、デトロイト3への支援はしばらくは続くにちがいない。二〇〇九年三月の末にまた新しい支援金をGMとクライスラーは手にすることになる。

GMのワゴナー会長兼CEOは、ショーでの記者会見で次のように語ったのである（朝日新聞二〇〇九年一月十三日付）。

懸命に売って政府融資一三四億ドル（約一兆二〇〇〇億円）を三年以内に返したい。融資内容は三月末に見直す必要があるが、三月末までの資金は何とかなる。米新車市場は年間一一〇〇万台に低迷もあり得る。下期には少し回復するといいが悪い場合に備えたい。

GMのワゴナー会長兼CEOのインタビューでの談話は矛盾だらけである。「三月末までの、、、、、資金は何とかなる」に特に注目したい。これはオバマ大統領への脅迫である。四月からの資金繰りのための金をオバマ大統領は出すことになる。GMはまた、二〇一〇年にもシボレーのEV「ボルト」の生産を始めるとワゴナーは語ったが、これもハッタリであろう。

GMのワゴナーはショーの前日、「今日からGMは変わります」と報道関係者に勢いよく挨拶をした。シボレーEVの「ボルト」以外にも、EV車「キャデラック・コンパージ」を同時発表したからである。

中国企業BYDオートも二〇〇九年末に売り出す「e6」を展示した。シリコンバレーに本拠を置くテスラモーターズも出展した。

私はテスラが次世代の車EV車の先頭を走るだろうと思い、データを集めてきた。しかし、EVについて書くのはこれくらいにしたい。たしかにこのショーは「EV時代」の到来を予感させる。しかし、「EV時代」の到来は、テスラに象徴されるように、新興勢力の勃興を意味する。それは、言葉を替えれば、大手自動車メーカーの衰退を意味する。

このショーのインタビューの中で、GMのワゴナー会長兼CEOが「米新車市場は年間一一〇〇万台に低迷もあり得る」と語った言葉が自動車の没落を暗示する。ワゴナーは「懸命に売って政府融資一三四億ドルを三年以内に返したい」と言うが、彼自身が認めるように米国自動車販売市場は二〇〇六〜〇七年に一六〇〇万〜一七〇〇万台あったものが一一〇〇万台になるのである。私は八〇〇万台から九〇〇万台と予想している。即ち、二年前の半分か半分以下になると予想している。朝日新聞（二〇〇九年一月十三日付）を引用する。「地元工場は閑散」の見出しがついている。

　自動車ショーの会場から車で約一五分。ジープを生産するクライスラーの工場とその周辺は、人影もなく静まりかえっていた。普段は大型トレーラーが行き来する敷地内にも雪が一面に降り積もったままだ。近くのバーの経営者は「工員たちはほとんど顔を見せない」とため息をつく。
　十九日まで操業を止めるこの工場を含め全三〇工場が今月にかけて約一カ月間、操業を止めている。十二月の米新車販売が一年前より半減、前例のない長期停止に追い込まれた。

　トヨタは二〇〇九年夏に発売するレクサス初のハイブリッド車「HS250h」を発表した。従来の燃費より三〇％の減という。ホンダは四月に米国で発売する新型ハイブリッド車「インサイト」の市販モデルを発表した。写真を見た限りでは「プリウス」とそっくりである。では、読者にここで問うことにしよう。「トヨタとホンダの車はアメリカや欧州の車より一歩も二歩もEVやHVで先行しているが、この両社は自動車メーカーの勝者なのですか？」

ホンダは二〇〇九年二月六日、新型ハイブリッド車「インサイト」の国内販売を開始した。価格はプリウスより約二割安い一八九万円。日本政府が四月に導入予定の税優遇を活用すれば、一般車と変わらない程度の価格となる。トヨタもプリウスの新型車を五月に出す。

私は、ハイブリッド車は多少は売れるとみる。しかし、他の車がその分売れなくなる。大きな利益を両社にもたらすとは思えない。否、トヨタにとっては、大きな打撃となるというのが正しい見解であろう。

デトロイト郊外のクライスラーの工場とその周辺の風景は、田原市のトヨタ田原工場の周辺の風景と、またトヨタ九州工場の周辺の風景と酷似しているのである。デトロイト3もジャパン3も、未来は暗黒に近いのである。

「盛者必衰の理《ことわり》」を地でいく自動車産業

水野和夫（三菱UFJ証券チーフエコノミスト）が『フォーブス日本版』（二〇〇九年一月一日

発行）に「『未曾有の世界不況』の真の原因とは」を寄稿している。

〇七年に一六一〇万台だった米自動車販売台数が、〇八年十一月には一〇二〇万台（年率）まで落ち込んだ。米国では既に自動車免許保有者一〇〇〇人が九〇〇台の車を所持している。米家計が四兆ドルを超える過剰債務を返済していく過程で、この九〇〇台が低下していかざるをえない。米国の自動車販売は今後一〇〇〇万台が平均的な水準となり、場合によっては八〇〇万台前後に落ち込むこともありうる。そうなれば、日本の実質GDP成長率は〇八年度マイナス二・三％（推定）に続き、〇九年度は三％程度のマイナスとなる可能性が高い。

私は、文明そのものの持つ「危うさ」がはっきりと見えてきたのが、二〇〇七年〜〇八年にかけての金融バブルと生産バブルの崩壊であったと思っている。金融バブルは金融マフィアによって演出された。金融マフィアは生産バブルを演出し、それを一般大衆に拡大し、消費バブルを煽った。私は言葉としてはどうかと思うが、生産マフィアが、この文明の「危うさ」を巧妙に演出し、大金をせしめたと信じている。

私は二〇〇八年十一月に『八百長恐慌！』を書いたが、その本の中で金融マフィアがいかに大金を儲けたかを追求した。しかし、生産マフィアについては書かなかった。金融マフィアの勝利は生産マフィアの勝利でもあった。

倒産しかけたビッグ3が、一時的とはいえ、ピックアップトラックやSUVを量産し、消費バブルに便乗して大金をせしめたのも、金融マフィアのお陰であり、持ちつ持たれつの関係であった。トヨタもアメリカのバブルを利用して一気に大金を稼いだ。その分、アメリカの人々が貧乏になった。普通は物づくりや農家が使用するトラックの類を、一般の人々に大量に売りつけた。バブルを煽って高級車レクサスを売りまくり大金を確実に稼いだのはトヨタがトップであった。

私はトヨタが金を失っていると書いたが、トヨタの時価総額は他の自動車メーカーのはるか上でダントツである。私はこの本の執筆にかかる頃からトヨタの株価の変動を毎日注視している。そして、株の売買額のトップか、トップに近い位置にいるのがトヨタであることに注目し、株価の動きを見てきた。トヨタは手持ち資金が二兆円、一気に減少した。また株価も下がり、大損したと書いた。しかし、トヨタがバブルで儲けた金は世界の製造会社の中でもトップに近い。トヨタは日本財務省の埋蔵金のようなものを数兆円持っているのではないかと私は思うようになった。利益準備金、あるいは利益積立金かは知らない。その金を自在に操り、自社株を買い支えているとみた。

『会社四季報』（二〇〇九年1集）のなかに、トヨタ自動車の財務が公表されている。詳しく知りたい方は四季報を読むことを勧める。この中に、「利益余剰金（単位百万円）が一二、六六五、八二五」と出ている。この約一二兆円という余剰金は表の金である。トヨタは巨大な富を得た。これは日本国の富でもある。この富がどこから、どのように得られたのかを私は追求してきたのである。

トヨタは、これから確実にその生産規模を縮小していく。二〇〇九年二月から四月にかけて半分の生産量にまで落とすと発表した。アメリカという巨大市場が半分に収縮する。間違いなく、全世界の市場は、半分にならずとも三割～四割減となる。私は固定費がトヨタを悩ますと書いてきた。

従業員を働かせずに賃金のみを払っていけば、トヨタは間違いなくGM化していく。GMはかつて、トヨタ以上に内部留保金を持っていた。時価総額も天文学的であった。しかし、ついに固定費の重さゆえに敗北した。その第一の原因は、トヨタをはじめとする日本のメーカーの製造コストが安かったからである。GMは南北戦争の敗者となった。しかも、敗戦の弁も語れない敗者となった。ジャパン・バッシングの策さえとれない敗者となった。それは南部が力を強め、北部よりも力関係が上に立ったからである。

自動車産業は、大型化、高級化でぼろ儲けをした。しかし、量的な拡大に歯止めがかかり、儲けるべきものが消えたのである。水野成夫が語る哲学的予測を、再び『フォーブス』から引用する。

現在起きている経済の収縮は、近代の延命策が、一九七四年以降力尽きたことを示唆している。もはや、近代の原則であった「成長がすべてのケガを癒やす」時代が終わったことを認識することが、未曾有の不況から脱する第一歩である。

この文章には注釈が必要となる。一九七四年にベトナム戦争が終焉し（サイゴンの完全陥落は一九七五年）、アメリカのダレス元国務長官が唱え、アイゼンハワー元大統領とともに主張した「ドミノ理論」が終わりの時を迎えた。ドミノ理論とは、一国が共産主義化すると、ドミノ式に他国へと伝染するという理論で、アメリカの膨張政策のバックボーンとなっていた。ドミノ倒しのようにアジアを攻略した結果、アメリカは敗北し、その対外膨張主義に終止符が打たれたのである。

トヨタは、ドミノ理論を人間の心へと応用し、大金をせしめたのである。それが大型化であり高級化であり、「環境に優しいプリウス」であった。ドミノのように人間の心を倒してきたが、ついに倒すべき人間がいなくなったのである。

倒されたドミノ人間は、再び立ち上がれないのに、トヨタはそんな単純なゲームに気づかなかったのである。

だから、今度は高機能化という「EV」「HV」を狙うが、ドミノ倒しに遭った人間にとって、「EV化」も「HV化」も、どうでもいいことなのだ。

かくて、水野成夫がいみじくも言う「成長がすべてのケガを癒やす」時代の終わりとなった次第である。

トヨタは二〇〇九年二月六日、またもや〇九年三月期の業績予想を下方修正し、連結最終損益（米国会計基準）が三五〇〇億円の赤字になるとの見通しを発表した。私は、ホンダとスズキが「危機に対するシナリオ」をもって行動したと書いてきた。この差が出たのである。日産もマツダも赤字の見通しを発表した。朝日新聞（二〇〇九年二月七日付）から引用する。


トヨタの世界販売台数は、〇七年には八四三万台だったが、〇八年は八〇〇万台を割った。巨額の営業赤字を前に、幹部は「生産規模が急拡大した結果、リスクもかつてない規模になっていた」と話す。自動車メーカーの業績悪化は、約五〇〇万人ともいわれる「すそ野」を直撃する。下請けには中小が多く、「司令塔」トヨタの度重なる読み違いで不安も膨らむ。トヨタは五月には生産がやや回復するとみるが、愛知県の部品メーカー社長は

「同じぐらい減産が続くのでは」と覚悟する。

トヨタは依然として、「危機対応のシナリオ」を持っていないのである。アメリカの〇九年一月の新車販売台数は前年同月比で三七％の大幅減、トヨタは一一万七二八七台（三二・七％減）である。「五月には生産がやや回復する」どころか、ますますの減産となると私は予測する。五〇〇万人といわれる「すそ野」に危機が刻一刻と迫っているのだ。

「ラブ・イズ・オーヴァー」は恋の終わりの歌。「マネー・イズ・オーヴァー」はトヨタの繁栄の終わりを知らすべく私が即興で歌う歌だ。

そうだ、日産のゴーンに捧げる歌を作ってあげよう。

「諸行無常の響きあり、盛者必衰の理《ことわり》をあらわす。ゴーンという鐘を鳴らすのはあなた……」

若き人々への、最初で最後の手紙●おわりに

この手紙は派遣工として大手のメーカーに働いて職を失くした青年たち、また、職を失いそうな青年たちに、ほんの少しの勇気を、生きるための勇気を私が与えたいと思って書く、最初で最後の傲慢きわまりない一方的な手紙である。

私はトヨタショックを知り、突如にしてトヨタについて調査し、思いの丈《たけ》を含めて書いてしまった。読者には私の偏見と受け取られるかもしれない。この本の評価は、読んだ人々の判断にまかせる他はない。ただ私は、この本を書きつつ思い続けたことがあった。

多くの若き人々が解雇されているが、この寒空の下、どのように生き続けているのだろうかということである。特に『アエラ』（二〇〇九年一月十八日号）の「『トヨタ不況』末端地獄」の記事を紹介しつつ、スポーツバッグを担いだ二十二歳の青年が語る場面を紹介しつつ、涙を浮かべつつ書き続けた。もう一度、その場面を書いてみる。

……駅に向かうバスを待っていた。

「ボクも、おしまいです」

九州から期間工として働きに来た。

「先週、契約を延長できない、と言われ、クビです。期間工を全員解雇するそうで、今の職場で残っているのはすでにボクだけでした」

スポーツバッグを担いだ九州出身の青年を「K君」と呼ぶことにする。この手紙は、そのK君に一方的に送る、私の最初にして最後の手紙である。

＊＊＊

K君、君は田原工場でレクサスの組み立てをして働いていたのか。私は君がどのような仕事をしていたのかは知らない。君の自尊心を傷つけるかもしれないが、途方に暮れている君に遠慮なく言わせてもらえば、君は「去りゆく時に去る」ということなんだよ。

いつの日か、是非、私の本を読んでくれ。そして、トヨタといえども、企業の規模を半分にしなければならないほどの時代の大きな波――それを私は「大津波」と名づけたのだが――に襲われていることを知ってほしいんだ。

君が製造にかかわった高級車レクサスは、ほとんどがアメリカ向きの車だったと思う。

この高級車が売れなくなったんだ。それでトヨタは生産量を落とすことにしたんだ。君たち期間工がまずは解雇となったことは君のよく知るところだ。

トヨタが、世界基本計画「グローバル・マスタープラン」を立てて実行に移していたことを君は知らされていただろう。君が田原工場を去ってからしばらくして、トヨタはこの計画を破棄したんだ。君がいて、レクサスを「ジャスト・イン・タイム」方式で一分に一台の割で大量生産していたシステムも、一時的には停止なんだ。一月、トヨタは計画を完全に破棄したんだ。車が以前に比べて半分しか売れなくなったのが原因だ。

君がいつからトヨタの田原工場で働くようになったのかは知らないが、マスタープランは二〇〇二年に初めて作成され、すぐに実行に移されたんだ。その目標は間違いなく（トヨタは正直に答えないが）、GMを抜いて世界一になることだった。

そしてトヨタは、社員、そう本工から臨時工、派遣工にまで、海外展開を積極的に進めることを大々的にPRした。君たちだけではない、部品メーカーに特に協力を依頼したんだ。その過程で、より大量に車を造るべく「ジャスト・イン・タイム」方式が採用されたんだ。

この方式は君の知っている通り、人間をモノとして扱う。君は流れ作業の一つの駒であったはずだ。たしかに車は大量生産され続けた。そして、二〇〇八年の世界販売台数でトヨタはGMを抜き、初めて首位となったんだ。

トヨタは二〇〇九年一月になると、君はまだ働いていたからたぶん聞かされていただろうが、販売台数は前年比四％減の八九七万二〇〇〇台と発表した。一月二十一日、GMは北米の販売不振と新興国市場の伸び悩みが加わって、前年比一〇・九％減の八三五万台になると発表したんだ。これはとてもすごい事件だった。

最初は、ヘンリー・フォードが「T型フォード」を大量生産したときに、アメリカの世紀が始まったのだ。フォードは一九二五年には一〇秒ごとに一台造るシステムを創り出した。私は一分に一台とトヨタのシステムについて書いたが、プリウスは一秒に一台と書いた本もあり、最初はすごいと思ったものだ。

そのフォードも一九三一年にGMに販売台数で抜かれた。それから七七年も経ち、トヨタが世界一になったんだ。

しかし、このことを知る前に、君はスポーツバッグを担いで去りゆかねばならないとは、なんという悲劇なのだ。君は週刊誌の記者に次のように語っていたね。

契約満了時には、慰労金など約七〇万円と帰りの旅費が支払われる。

「専門学校をやめた後、ずっと食べてこれたので、トヨタには感謝しています。アルバイトよりずっと良い給料でした」

畑と海に囲まれ、遊びに行くところはあまりない。寮と工場の往復で、年に約二〇〇万円もためることができた。だが、この先は不安だ。

「何も決まっていません。九州に働き口はないですから……」

そう言い残して、バスに乗り込んだ。


K君、君は実にすばらしい青年だと思っている。君は年に二〇〇万円もためることができたのか。

私はテレビでニュースをよく見ている。派遣社員が手のひらをひろげて、「もうこれだけしか金がないんです」と、数百円の金を差し出す場面をどれだけ見せつけられたことか。「馬鹿な、そんなことがあるものか」と、いささか心の中で怒りの声を上げたものだ。寮に住むことができ、職場を往復し、ある程度の賃金を与えられた派遣社員が、突然に解雇されたとして不満を訴えるのは一種の自己防衛として納得できる。しかし、その瞬間に路頭に迷うほどの貯金さえ持っていないと、どうして信じられようか。

K君、君は職場を去るときに「……トヨタには感謝しています。アルバイトよりずっと良い給料でした」と語っている。私は君の心の広さに驚き、そして、よき日本人がここにいると思っている。

K君、君が去ってから一カ月もたたないうちにトヨタは、賃金を二割減とすると発表した。「ワークシェアリング」だけでなく、本工も首を切られることになると思うよ。七兆円とされる年間固定費を一〇％削減すると、二月六日に木下光男副社長は語ったよ。固定費の大半は人件費だ。トヨタはもうすぐ、大量の首切りに入るんだよ。

私はこの本の中で書いたように、トヨタは二〇〇九年一月から操業を半分に落とした。世界不況の波に、世界一の大企業でさえ、従業員を、本工まで解雇しなければやっていけないところまで来てしまったんだ。K君、GMは一九七八年には九五〇万台も世界中で車を売りまくったんだ。トヨタはこのGMの世界記録を破るべく、二〇〇八年の「グローバル・マスタープラン」を立てたんだ。残念ながら世界記録の更新はならなかった。そして今年、販売台数は半分近くにまで落ちるだろう。

＊＊＊

「何も決まっていません。九州に働き口はないですから……」と君が語るのは、半分は正しい。しかし、半分は間違っているよ。

答はいたって簡単なんだ。K君、君が九州のどこで生まれ、どこで育ったのかは知らないが、九州では、多くの人々が職を得て働いているんだよ。田原工場やトヨタ九州工場では、たしかに職に就くことはできないだろう。しかし、九州のほとんどの人々が職を得て働き、そして結婚し、子供を育てて生きているんだ。

K君、君たちは日本に生まれて幸せなんだ。仕事の内容を変えれば、仕事はたくさんあるはずだ。

「ジャスト・イン・タイム」の世界にはたしかに半分の人しか残れないけれども、もっともっと、素晴らしい仕事が日本にはたくさんあるんだ。

もし、君のお父さんが農業をしているのだったら、是非、君はお父さんから農業を学ぶがいい。私は農業ほど難しい仕事はそうそうないと思っているよ。どうしてかって？　農業は一日一日、一刻一刻の天気と大地との闘いであり、共生であり、そして祈りだからだ。漁業だって同じ、海との闘いだ。そして林業も素晴らしい職業だ。林業は農業とともに、きれいな水を創り出している。この三つの仕事は、人の命を育てているんだ。

トヨタの組立て作業は、君や、君のような人々がたくさん消えても、生産はそんなに難しくないだろう。ほんの一部のエリートたちがシステムを作り、そのシステムにのっとりモノが作られていくからだ。

君は「ジャスト・イン・タイム」の作業の中で、感激の瞬間を持つことができたかい。単に一日が無事に終わり、そしてまた次の日があると思わなかったかい。農業や漁業や林業は一日一日、変化しているんだ。もし、農業や漁業や林業をお父さんがしていなくても、人手不足なので君を喜んで迎えてくれるだろう。

君が育った九州には、他にもたくさんの仕事があると私は保証するよ。君は一度、九州へ帰りたまえ。そして、生まれ育った地に立ち、空を川をながめ続けられよ。そして君は、どこにだって、仕事がたくさんあることを知るようになる。

＊＊＊

たぶん、否、間違いなく、君はトヨタで、臨時工から本工になる日を夢見ていたと思う。トヨタも業績が落ち込まなければ、君を本工にしたと思う。

御手洗冨士夫経団連会長を君は知っているだろう。彼はキヤノンのオーナーだよ。彼はかつて、終身雇用をことあるごとに説いていたんだ。

「終身雇用のいいところは愛社精神が強く、教育投資が無駄にならないことだ。終身会社にいるから教育が蓄積する」（大分合同新聞、二〇〇三年十月二十二日付夕刊）

彼は大分県出身だ。キヤノンの工場が大分県にあるのはそういう理由だ。国東市《くにさき》にある大分キヤノンは、二〇〇八年十一月に入ると突然、派遣社員の解雇を始めたんだよ。派遣社員だから何の補償もないんだ。私の住む別府には、別府大学と立命館アジア太平洋大学がある。この二つの大学には、韓国や中国、東南アジアからやって来て、キヤノンで働き生活費や学費を得ながら勉学している若者がたくさんいたんだ。彼らの多くはすでに大学を去っているよ。たぶん、日本が嫌いになっているだろうね。

御手洗冨士夫は数年前には次のようにも語っていたんだ。

「アメリカ人社員に『日本企業は従業員を大切にするはずでなかったのか!』と詰問されたのには相当こたえました。そのとき、『今後は絶対に人のクビは切らない』と誓ったんです」(『月刊宝島』二〇〇四年九月号)

その大分キヤノンが、十一月から十二月にかけて一〇〇〇人も首切りをしたんだ。キヤノンは前の月の十月には、求人チラシを新聞に入れて、「正社員募集」をしていたのにもかかわらずだよ。

君は大企業でさえ、経団連会長でさえ、簡単に人を騙すということを学んだんだよ。

これが現実なんだ。トヨタの社長も御手洗冨士夫も、そんじょそこらの〝おっさん〟なんだ。たいした男じゃない。君はそれでも運が良かったんだよ。私はこの御手洗に、心底、がっかりしているんだ。

この御手洗が二〇〇九年一月八日の「労使フォーラム」では「雇用の安定に努力すべきだ」と強調し、「企業は最大限の努力を注いでいただきたい」と調子のいいことを喋ったんだ。

このキヤノンは長崎県の波佐見《はさみ》町に、デジタルカメラの新工場を年明けに着工することにし、たくさんの従業員を雇うことにしていたんだ。それが突然に無期限の延期なんだ。デジカメも車と同じだ。みんなみんな調子に乗って、大量生産しすぎたんだ。だから君が九州に帰っても、トヨタも日産もダイハツも、東芝もキヤノンも……全部ダメだ。首を切られた連中がゴロゴロ、散らばっているんだよ。

＊＊＊

君は政治に期待していないかい？　これはもっと残酷な世界なんだ。政治家を動かして、トヨタの元社長で経団連の会長を務めた奥田碩と御手洗冨士夫たちがグルになって、派遣社員を大量生産したんだよ。君たちは経団連の連中にとっては人間でなくて、モノ人間なんだ。腹が立つだろう。しかし、これは本当の話だ。

GMが倒産しかけている最大の原因はね、トヨタよりも一台当たりの車を造る経費が高いということだよ。同じような車をマネて、トヨタは安く売ったんだ。君たちのような非正規社員の臨時工や派遣工やらを大量生産して、「ジャスト・イン・タイム」のコンベアーの前に君たちを並べたからなんだ。

GM倒産劇と大量のモノ人間の生産劇の関係が理解できただろう。

中谷巌《なかたにいわお》という経済学者がいるんだ。彼は最近、『資本主義はなぜ自壊したのか』（集英社、二〇〇八年）という著書を世に出した。この本の中で彼は次のように書いているよ。

「終身雇用制度、年功序列制度がなくなった日本の物作りの現場では、派遣の非熟練労働者や、言葉さえ通じない外国人労働者ばかりが増えていくことになった。今や日本全体の労働者の三分の一が非正規雇用の社員になってしまった。恐るべき変化である」

その中谷巌が『週刊朝日』（二〇〇九年一月二十三日号）の中で、自分の過去を懺悔《ざんげ》しているよ。彼は「小泉構造改革」の旗振り役だったんだ。

「一言で言えば、グローバル資本主義は、世界経済を著しく不安定化するとともに、エリート層に都合のいい、大衆支配や搾取のツールになっています……」という具合で、サルでもするという反省を遅まきながらしているよ。「君たち若者を騙してしまいました。ごめんなさい」とね（そうは書いてないけどね）。

でも、これは仕方ないよ。日本中のみんなが、中谷巌らの音頭に乗って、あの小泉と竹中平蔵をヨイショしたんだから。

今、自民党は落ち目で日本共産党が昇り調子なんだ。それで志位和夫委員長は『月刊ボス』（二〇〇九年三月号）の中で、「人間の〝使い捨て〟は資本主義の堕落です」というタイトルで威勢のいいことを喋っているよ。

「共同通信が昨年の十二月に報道した記事によると、日本の自動車と電機・精密メーカーの大手一六社の内部留保は過去最高です。そのうち配当を増やしたのが五社、残る六社は未定という。つまり減配を決めたところは一社もありません。株主への配当を増やしながら、労働者のクビを切る。こういうやり方は資本主義としても堕落だと思います」

すごいだろう。トヨタは二〇〇八年度は赤字だけど、世界一の金持ち会社なんだ。その金を使って株主を優遇し、落ちかかった株価の維持を企んでいるんだ。

でも日本共産党こそ、政党の中で一番、内部留保金を持っているんだ。しかも、ほんの少ししか職員を雇い入れず、賃金も安いんだ。

君にはどの政党も口先だけで、まともに君たちのことを心配してくれないと知ってほしい。自分のことは自分だけで考えて、派遣村なんて行かず、ハローワークに通って職をさがしてくれ。この大不況の中でさえ、私が住む別府では、ホテルや介護施設や警備会社が、人を募集しているよ。職を選り好みしなければ仕事はたくさんある。君には「派遣切り」された人に会ったら是非伝えてほしいんだ。

「仕事は日本中にたくさんあるよ」ってね。

そしてもう一つ是非付け加えてほしい。

「もう、モノ人間になるのはやめよう」

＊＊＊

君へのこの手紙も最後となった。書きたいことはまだまだたくさんあるけどね。でも最後だ。

一つだけ最後に伝えたいことがある。

この本を書いている最中に、歌が私の心の中に出現し、勝手に口から出てきたんだ。最初の歌は小林旭が歌う、調子のいいテンポの「自動車ショー歌」だった。次は、サザンの「TSUNAMI」だった。そして、君のことを週刊誌で知ってから、私はふと気づいた。

たった二行の歌詞をくり返し歌う自分に気づいたんだ。

涙の数だけ強くなれるよ
アスファルトに咲く花のように

君への手紙を書こうと思ったときに、この歌を君に伝えたいとの思いがつのったんだ。それで、この手紙を書く前日に、行きつけの喫茶店で常連客に、この歌の作者は誰だったかと尋ねてみた。みんなにこの二行だけを歌ってみせた。しばらくたって、七十を過ぎた若々しい人が突然に、「岡本だ！」と言ったんだ。しかし、曲名も歌手の名前も思い出せなかった。その人は喫茶店をサーッと出ていった。そして十分もたたないうちに電話をくれたんだ。

「岡本真夜だ！　ＴＯＭＯＲＲＯＷだ！」

私は即座に喫茶店を出て本屋に行ったんだ。

だから、この「ＴＯＭＯＲＲＯＷ」を君にプレゼントするよ。

涙の数だけ強くなれるよ
アスファルトに咲く花のように

見るものすべてにおびえないで
明日《あした》は来るよ　君のために

K君、最後に君に、ひとつだけお願いをしたい。

「アスファルトに咲く花のように」、美しい娘さんと恋に落ちて欲しいんだ。

そして結婚して、アパートでもなんでもいいから、そこに住みついて一緒に生活する場所を、君の本当の故郷にして欲しいんだ。

これが私の、君へのお願いなんだ。

＊＊＊

◉著者について

鬼塚英昭（おにづか　ひであき）

ノンフィクション作家。1938年大分県別府市生まれ、現在も同市に在住。国内外の膨大な史資料を縦横に駆使した問題作を次々に発表する。昭和天皇の隠し財産を暴いた『天皇のロザリオ』、敗戦史の暗部に斬り込んだ『日本のいちばん醜い日』、原爆製造から投下までの数多の新事実を渉猟した『原爆の秘密［国外篇］』『原爆の秘密［国内篇］』を刊行。また現代史の精査の過程で国際金融の報道されない秘密を発見、金価格の上昇を予見した『金の値段の裏のウラ』、サブプライム恐慌の本質を見破り、独自の視点で真因を追究した『八百長恐慌！』（いずれも小社刊）で経済分野にも進出した、今もっとも刺激的な書き手である。

トヨタが消《き》える日《ひ》

利益《りえき》2兆円《ちょうえん》企業《きぎょう》 貪欲生産主義《どんよくせいさんしゅぎ》の末路《まつろ》

◉著者
鬼塚英昭《おにづかひであき》

◉発行日
初版第1刷 2009年3月25日

◉発行者
田中亮介

◉発行所
株式会社 成甲書房

郵便番号101-0051
東京都千代田区神田神保町1-42
振替00160-9-85784
電話 03(3295)1687
E-MAIL mail@seikoshobo.co.jp
URL http://www.seikoshobo.co.jp

◉印刷・製本
株式会社 シナノ

Printed in Japan, 2009
ISBN978-4-88086-243-9